小5理科を
ひとつひとつわか

［改訂版］

Gakken

ひとつひとつわかりやすく。シリーズとは

やさしい言葉で要点しっかり！

むずかしい用語をできるだけ使わずに，イラストとわかりやすい文章で解説（かいせつ）しています。
理科が苦手な人や，ほかの参考書は少しむずかしいと感じる人でも，無理なく学習できます。

ひとつひとつ，解（と）くからわかる！

解説ページを読んだあとは，ポイントをおさえた問題で，理解した内容をしっかり定着できます。
テストの点数アップはもちろん，理科の基礎力（きそりょく）がしっかり身につきます。

やりきれるから，自信がつく！

１回分はたったの２ページ。
約10分で負担感（ふたんかん）なく取り組めるので，初めての自主学習にもおすすめです。

この本の使い方

1回10分，読む→解く→わかる！

１回分の学習は２ページです。毎日少しずつ学習を進めましょう。

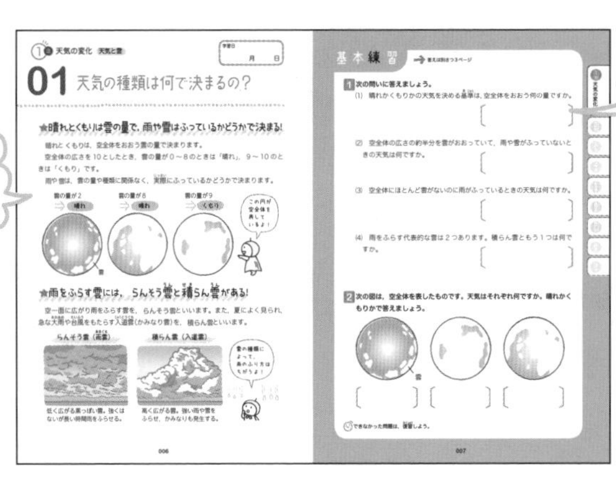
天気の変化 天気と雲　学習日 月 日

01 天気の種類は何で決まるの？

晴れとくもりは雲の量で，雨や雪はふっているかどうかで決まる！

晴れとくもりは，空全体をおおう雲の量で決まります。
空全体の広さを10としたとき，雲の量が0～8のときは「晴れ」，9～10のときは「くもり」です。
雨や雪は，雲の量や種類に関係なく，実際にふっているかどうかで決まります。

雲の量が2 晴れ　雲の量が8 晴れ　雲の量が9 くもり

雨をふらす雲には，らんそう雲と積らん雲がある！

空一面に広がり雨をふらす雲を，らんそう雲といいます。また，夏によく見られ，急な大雨や雷雨をもたらす入道雲（かみなり雲）を，積らん雲といいます。

らんそう雲（雨雲）　積らん雲（入道雲）

基本練習

1 次の問いに答えましょう。
(1) 晴れかくもりかの天気を決める基準は，空全体をおおう何の量ですか。
(2) 空全体の広さの約半分を雲がおおっていて，雨や雪がふっていないときの天気は何ですか。
(3) 空全体にほとんど雲がないのに雨がふっているときの天気は何ですか。
(4) 雨をふらす代表的な雲は2つあります。積らん雲ともう1つは何ですか。

2 次の図は，空全体を表したものです。天気はそれぞれ何ですか。晴れかくもりかで答えましょう。

006　007

書きこみ式の
練習問題です。

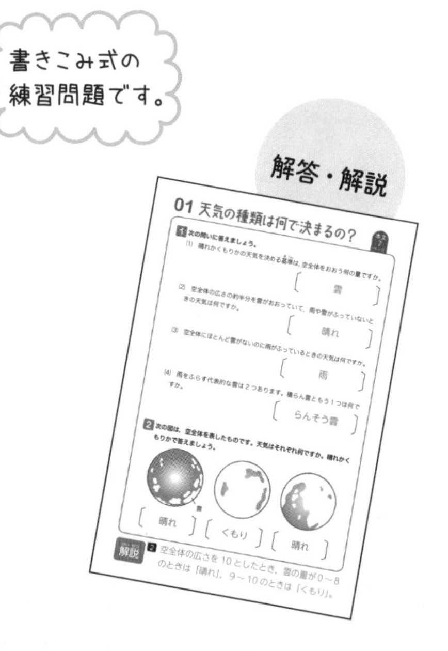

01 天気の種類は何で決まるの？

1 次の問いに答えましょう。
(1) 晴れかくもりかの天気を決める基準は，空全体をおおう何の量ですか。［雲］
(2) 空全体の広さの約半分を雲がおおっていて，雨や雪がふっていないときの天気は何ですか。［晴れ］
(3) 空全体にほとんど雲がないのに雨がふっているときの天気は何ですか。［雨］
(4) 雨をふらす代表的な雲は2つあります。積らん雲ともう1つは何ですか。［らんそう雲］

2 次の図は，空全体を表したものです。天気はそれぞれ何ですか。晴れかくもりかで答えましょう。
［晴れ］［くもり］［晴れ］

解説 2 空全体の広さを10としたとき，雲の量が0～8のときは「晴れ」，9～10のときは「くもり」。

答え合わせもかんたん・わかりやすい！

解答は本体に軽くのりづけしてあるので，ひっぱって取り外してください。
問題とセットで答えが印刷してあるので，ひとりで答え合わせができます。

復習（ふくしゅう）テストで，テストの点数アップ！

各分野の最後に，これまで学習した内容を確認（かくにん）するための「復習テスト」があります。

学習のスケジュールも，ひとつひとつチャレンジ！

まずは次回の学習予定を決めて記入しよう！

1日の学習が終わったら，もくじページにシールをはりましょう。
また，次回の学習予定日を決めて記入してみましょう。

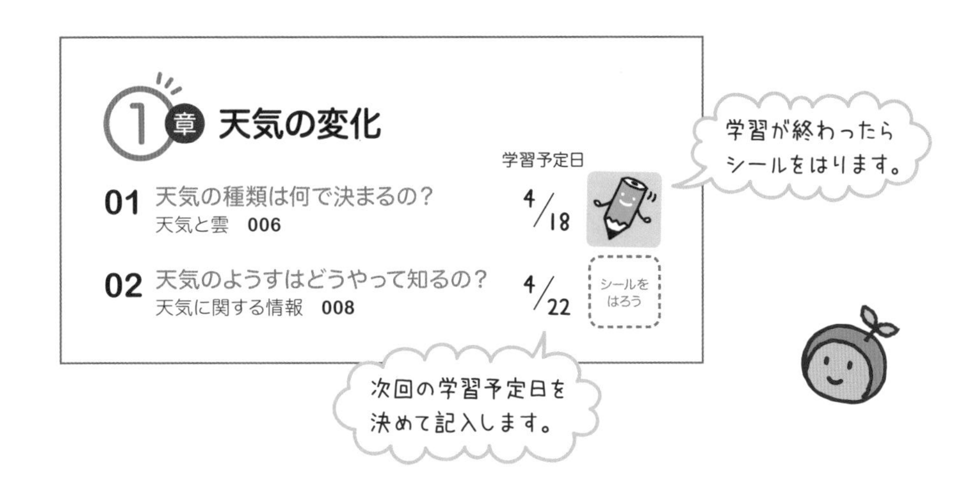

カレンダーや手帳で，さらに先の学習計画を立ててみよう！

おうちのカレンダーや自分の手帳にシールをはりながら，まずは1週間ずつ学習スケジュールを立ててみましょう。
それができたら，次は月ごとのスケジュールを立ててみましょう。

みなさんへ

小学5年の理科は，天気，植物，動物，水の流れ，もののとけ方，電磁石，ふりこなど，さまざまな分野の「なぜ？」「どうして？」について学習します。
この本では，学校で習う内容の中でも特に大切なところを，イラストでまとめています。ぜひ文章とイラストをセットにして，現象をイメージしながら読んでください。
理科は用語を覚えることも大切ですが，単なる暗記教科ではありません。特に実験は，ひとつひとつの手順をなぜおこなうのか，ほかの人に説明できるようになるとよいですね。
みなさんがこの本で理科の知識を身につけ，「理科っておもしろいな」「もっと知りたいな」と思ってもらえれば，とてもうれしいです。

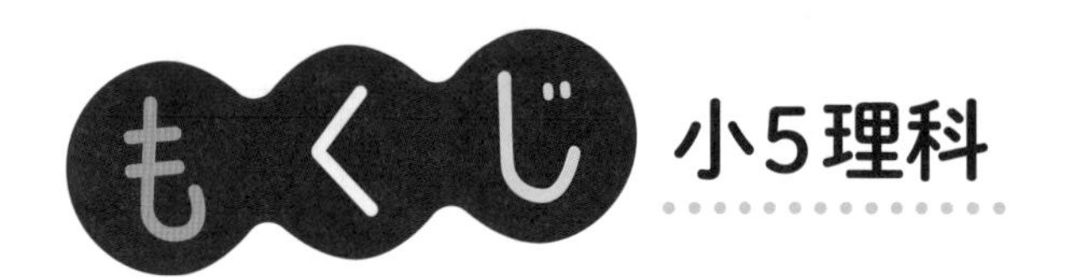

もくじ 小5理科

次回の学習日を決めて，書きこもう。
1回の学習が終わったら，巻頭のシールをはろう。

1章 天気の変化

学習予定日

01 天気の種類は何で決まるの？ 天気と雲 006 ／ シールをはろう
02 天気のようすはどうやって知るの？ 天気に関する情報 008 ／ シールをはろう
03 天気の変わり方には決まりがあるの？ 天気の変わり方 010 ／ シールをはろう
04 台風が近づくと天気はどうなるの？ 台風と天気の変わり方 012 ／ シールをはろう
05 大雨がふるとどうなるの？ 天気の変化と自然災害 014 ／ シールをはろう
復習テスト① 天気の変化 016 ／ シールをはろう

2章 植物の発芽と成長

学習予定日

06 発芽に水は必要なの？ 発芽の条件 018 ／ シールをはろう
07 発芽に空気や温度は必要なの？ 発芽の条件 020 ／ シールをはろう
08 肥料をあたえなくても発芽するの？ 発芽と養分 022 ／ シールをはろう
09 植物が元気に育つには何が必要？ 植物の成長の条件 024 ／ シールをはろう
復習テスト② 植物の発芽と成長 026 ／ シールをはろう

3章 メダカのたんじょう

学習予定日

10 おすとめすはどう見分けるの？ メダカのおすとめす 028 ／ シールをはろう
11 たまごはどのように育つの？ たまごの変化 030 ／ シールをはろう
12 メダカはどうやって育つの？ メダカの育ち方 032 ／ シールをはろう
13 けんび鏡を使いこなそう！ けんび鏡の使い方 034 ／ シールをはろう
復習テスト③ メダカのたんじょう 036 ／ シールをはろう

4章 花のつくりと実や種子

学習予定日

14 めばなとおばなって何がちがうの？ 花のつくり 038 ／ シールをはろう
15 花粉って何のためにあるの？ めしべとおしべ 040 ／ シールをはろう
16 アサガオは受粉した後どうなるの？ 花粉のはたらき 042 ／ シールをはろう
17 ヘチマは受粉した後どうなるの？ 花粉のはたらき 044 ／ シールをはろう
復習テスト④ 花のつくりと実や種子 046 ／ シールをはろう

5章 人のたんじょう

学習予定日

18 赤ちゃんはどのように生まれるの？ 卵と精子 048 ／ シールをはろう
19 赤ちゃんはどのように成長するの？ 子宮の中での成長 050 ／ シールをはろう
20 子宮の中はどうなっているの？ 子宮の中のようす 052 ／ シールをはろう
復習テスト⑤ 人のたんじょう 054 ／ シールをはろう

6章 流れる水のはたらき

学習予定日

21 流れる水にはどんなはたらきがあるの？
流れる水のはたらき 056　／　シールをはろう

22 流れる水が増えるとどうなるの？
流れる水のはたらき 058　／　シールをはろう

23 曲がっているところではどうなるの？
曲がって流れるところ 060　／　シールをはろう

24 川の山の中と海の近くで何がちがうの？
流れる水と変化する土地 062　／　シールをはろう

25 日本はこう水が起こりやすいの？
川とわたしたちの生活 064　／　シールをはろう

復習テスト⑥
流れる水のはたらき 066　／　シールをはろう

7章 もののとけ方

学習予定日

26 水にとけるってどういうこと？
水よう液 068　／　シールをはろう

27 水にとけたものはどうなったの？
水よう液の重さ 070　／　シールをはろう

28 水の量が増えるとどうなるの？
水の量ととける量 072　／　シールをはろう

29 水の温度が上がるとどうなるの？
水の温度ととける量 074　／　シールをはろう

30 とけたものはとり出せないの？
とかしたものをとり出す方法 076　／　シールをはろう

復習テスト⑦
もののとけ方 078　／　シールをはろう

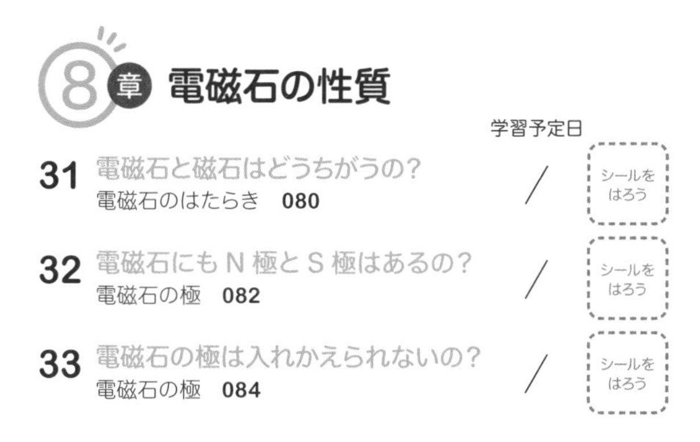

8章 電磁石の性質

学習予定日

31 電磁石と磁石はどうちがうの？
電磁石のはたらき 080　／　シールをはろう

32 電磁石にもＮ極とＳ極はあるの？
電磁石の極 082　／　シールをはろう

33 電磁石の極は入れかえられないの？
電磁石の極 084　／　シールをはろう

学習予定日

34 電磁石の強さは変えられないの？
電磁石の強さ 086　／　シールをはろう

35 ほかにも電磁石を強くする方法はある？
電磁石の強さ 088　／　シールをはろう

36 電磁石は何に使われているの？
電磁石の利用 090　／　シールをはろう

復習テスト⑧
電磁石の性質 092　／　シールをはろう

9章 ふりこの動き

学習予定日

37 ふりこってどんなものなの？
ふりこの決まり 094　／　シールをはろう

38 おもりの重さを変えたらどうなるの？
おもりの重さとふりこの性質 096　／　シールをはろう

39 ふりこの長さを変えたらどうなるの？
ふりこの長さとふりこの性質 098　／　シールをはろう

40 ふれはばを変えたらどうなるの？
ふれはばとふりこの性質 100　／　シールをはろう

復習テスト⑨
ふりこの動き 102　／　シールをはろう

わかる君を探してみよう！

この本にはちょっと変わったわかる君が全部で９つかくれています。学習を進めながら探してみてくださいね。

色や大きさは，上の絵とちがうことがあるよ！

学習日　　月　　日

01 天気の種類は何で決まるの？

★晴れとくもりは雲の量で，雨や雪はふっているかどうかで決まる!

晴れと**くもり**は，空全体をおおう雲の量で決まります。

空全体の広さを10としたとき，雲の量が0～8のときは「晴れ」，9～10のときは「くもり」です。

雨や**雪**は，雲の量や種類に関係なく，実際(じっさい)にふっているかどうかで決まります。

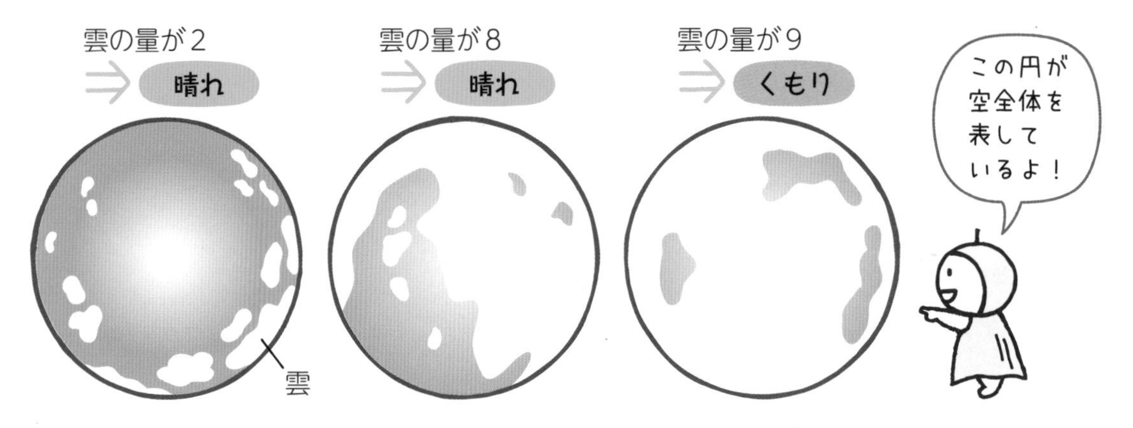

★雨をふらす雲には，らんそう雲(うん)と積(せき)らん雲(うん)がある!

空一面に広がり雨をふらす雲を，**らんそう雲**といいます。また，夏によく見られ，急な大雨(おおあめ)や台風(たいふう)をもたらす入道雲(にゅうどうぐも)(かみなり雲)を，**積らん雲**といいます。

らんそう雲（雨雲(あまぐも)）

低く広がる黒っぽい雲。強くはないが長い時間雨をふらせる。

積らん雲（入道雲）

高く広がる雲。強い雨や雪をふらせ，かみなりも発生する。

基本練習

答えは別さつ3ページ

1 次の問いに答えましょう。

(1) 晴れかくもりかの天気を決める基準は，空全体をおおう何の量ですか。

(2) 空全体の広さの約半分を雲がおおっていて，雨や雪がふっていないときの天気は何ですか。

［　　　　　　］

(3) 空全体にほとんど雲がないのに雨がふっているときの天気は何ですか。

［　　　　　　］

(4) 雨をふらす代表的な雲は２つあります。積らん雲ともう１つは何ですか。

2 次の図は，空全体を表したものです。天気はそれぞれ何ですか。晴れかくもりかで答えましょう。

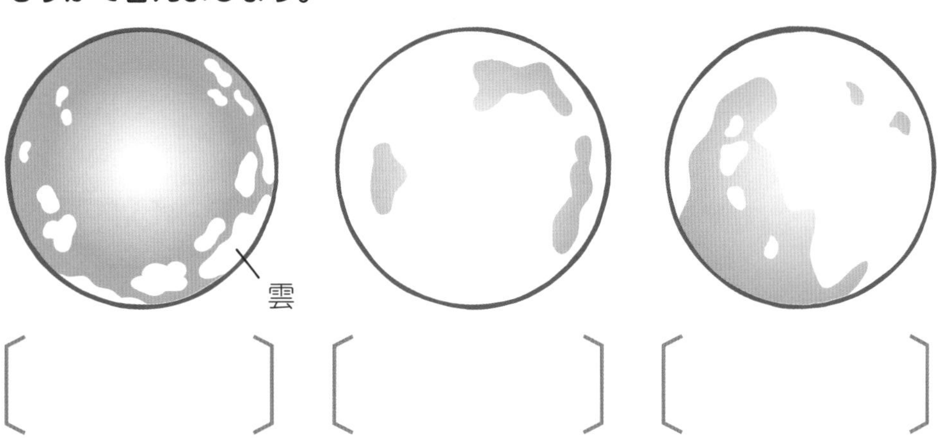

［　　　　］［　　　　］［　　　　］

できなかった問題は，復習しよう。

学習日　月　日

02 天気のようすはどうやって知るの？

★アメダスの雨量情報から，雨がふっているかどうかがわかる！

アメダスは，全国の気象観測所から気象庁に自動的に送られてくる雨量などの観測データをコンピュータでしょ理して，全国の気象台などに送るシステムのことです。

アメダスでは，**雨量**のほか，**風向・風速**，**気温**，**日照時間**などの情報がわかります。

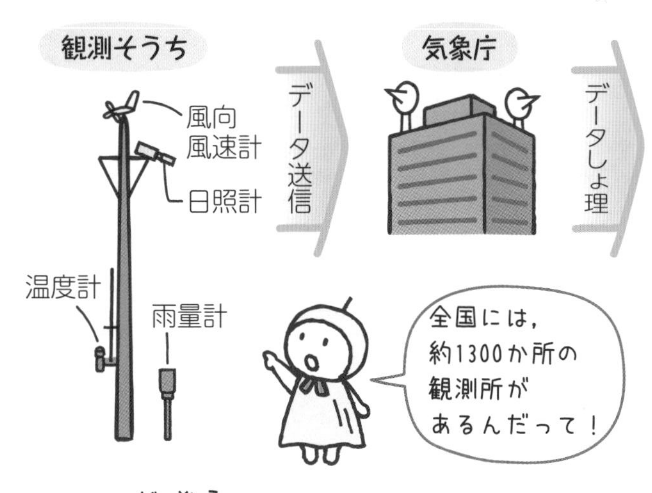

アメダスの雨量情報

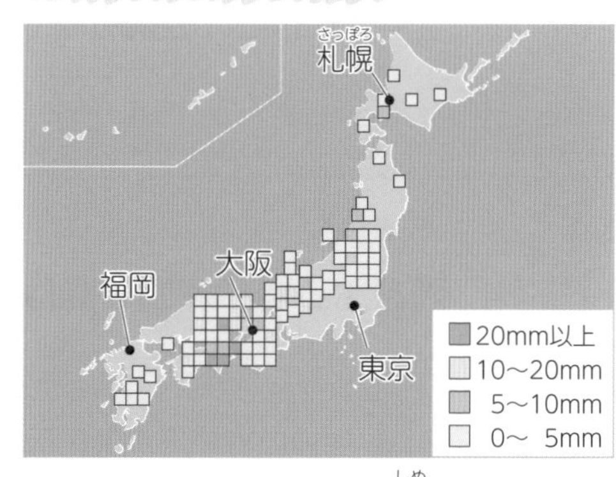

1時間の雨量を色分けで示している。

★雲画像から，雲のあるところがわかる！

地球の上空を回っている人工衛星のうち，気象観測をする衛星のことを**気象衛星**といいます。

雲画像は，気象衛星からの情報をもとに雲のようすをわかりやすく表したものです。

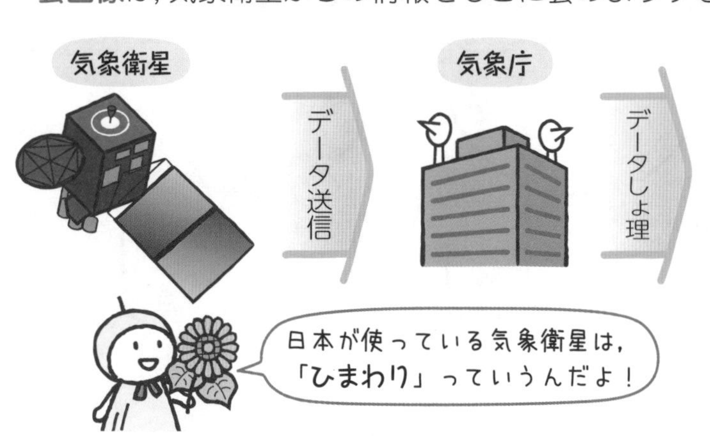

雲画像

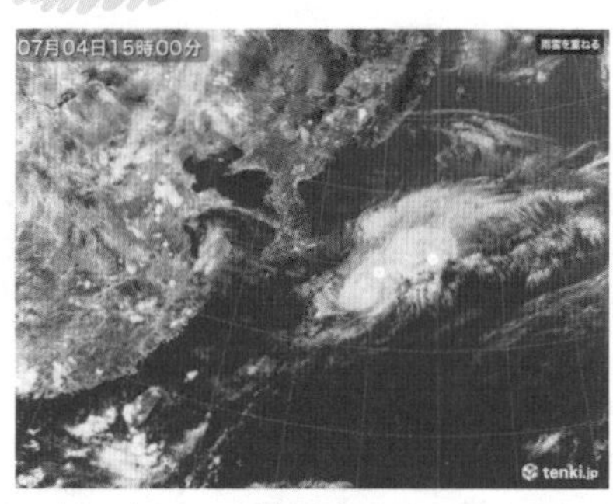

白いところが雲を表している。

提供：日本気象協会 tenki.jp

基本練習

答えは別さつ3ページ

1 次の問いに答えましょう。

(1) 全国の気象観測所からの観測データを集め，コンピュータでしょ理して気象台などに送るシステムを何といいますか。

〔　　　　　　〕

(2) (1)のシステムでは，風向・風速，気温，日照時間のほかに何の情報がわかりますか。

〔　　　　　　〕

(3) 人工衛星のうち，気象観測を行っている衛星のことを何といいますか。

〔　　　　　　〕

(4) (3)から地上に送られたデータをコンピュータでしょ理して，雲のようすをわかりやすく表したものを何といいますか。

〔　　　　　　〕

2 東京で強い雨がふっていたときのアメダスの雨量情報は，A，Bのどちらですか。

〔　　　　　　〕

できなかった問題は，復習（ふくしゅう）しよう。

学習日　月　日

03 天気の変わり方には決まりがあるの？

★日本付近の天気は，西から東へ変化する！

連続する日の**雲画像**（がぞう）とアメダスの**雨量情報**（うりょうじょうほう）をならべると，天気の変わり方がわかります。日本付近では，雲は西から東へ動き，天気も西から東へ変化します。

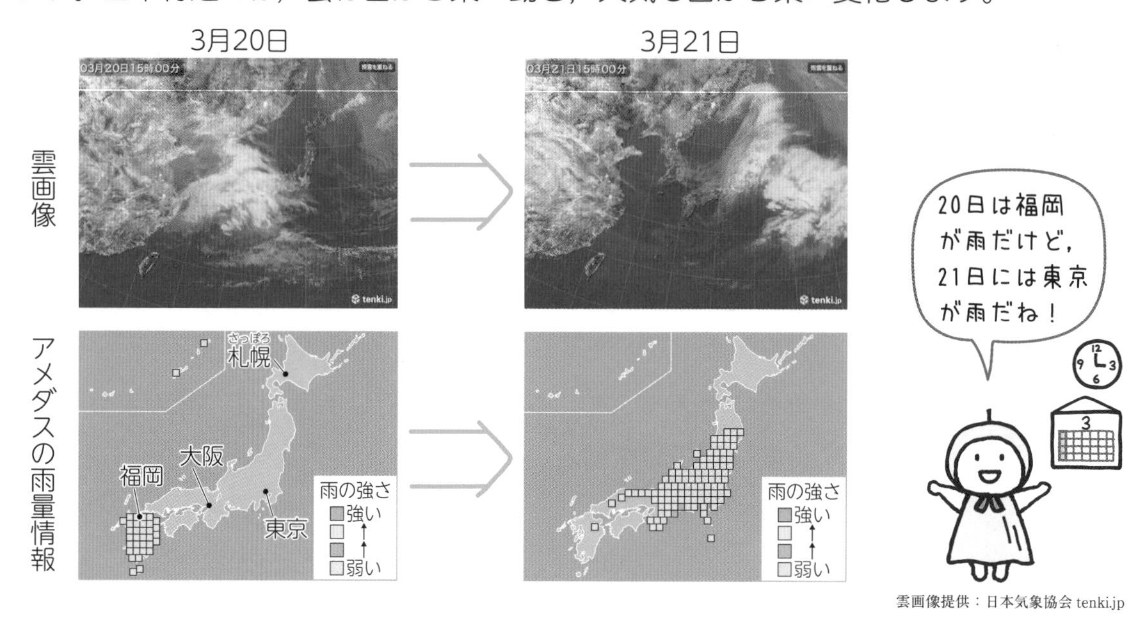

雲画像提供：日本気象協会 tenki.jp

★天気の予想は，西の天気に注目！

天気は西から東へ変化します。天気を予想するときは，自分の住んでいる地いきの西側の天気に注目します。

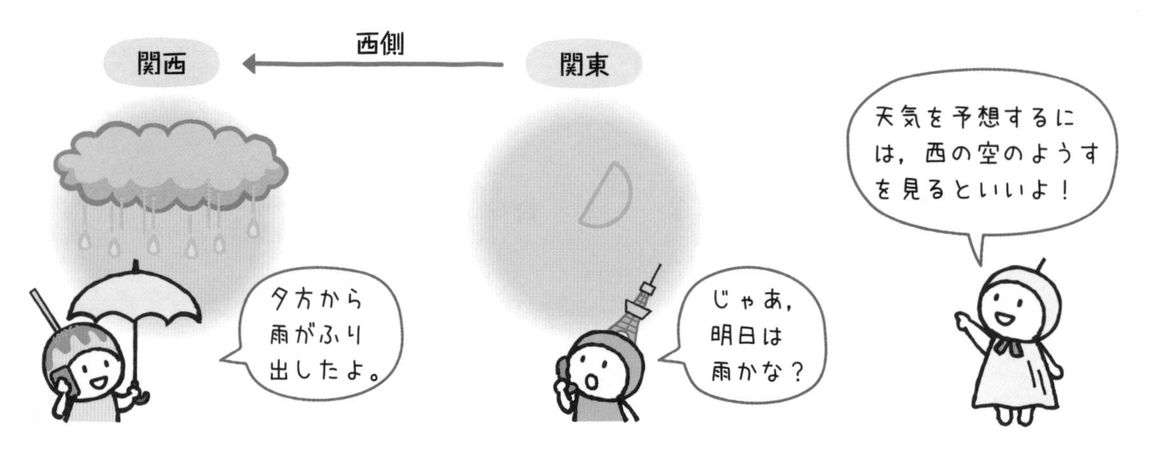

基本練習

答えは別さつ３ページ

1 次の問いに答えましょう。

⑴ 日本付近では，雲はおよそどの方角からどの方角へ動きますか。

〔　　から　　〕

⑵ 日本付近では，天気はおよそどの方角からどの方角へ変わっていきますか。

〔　　から　　〕

⑶ 雲の動きと天気の変化は，関係がありますか，ありませんか。

〔　　〕

⑷ 自分の住んでいる地いきの天気を予想するとき，どの方角の天気に注目すればよいですか。

〔　　〕

2 ある日の午後６時の雲画像です。次の日の朝，大阪の天気は，晴れ，くもり，雨のどれになると予想できますか。

〔　　〕

提供：気象庁

できなかった問題は，復習しよう。

04 台風が近づくと天気はどうなるの？

★強い風がふいて，大量の雨がふる！

台風(たいふう)は，**積(せき)らん雲(うん)**の集まりで，左回りに大きなうずをまいています。台風が近づくと，**強い風**がふいて，短時間に**大量の雨**がふります。

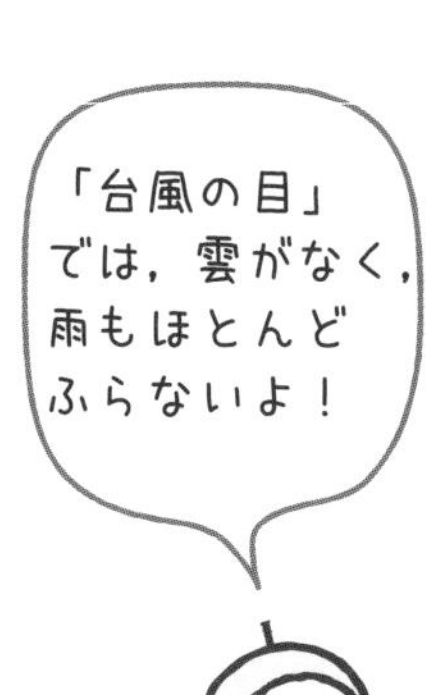

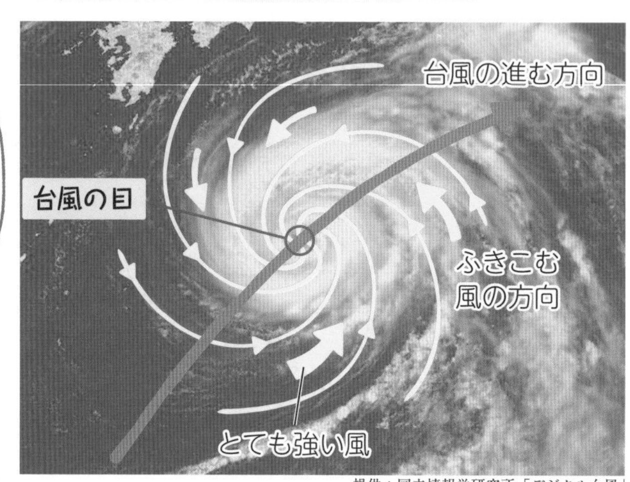

提供：国立情報学研究所「デジタル台風」

★台風は南の海上で発生し，北へ動くことが多い！

台風は日本のはるか**南の海上**で発生し，はじめは西に動き，そのあと**北**や**東**に方向を変えて，日本に近づきます。日本に上陸する台風の多くは，**夏から秋**に日本にやってきます。

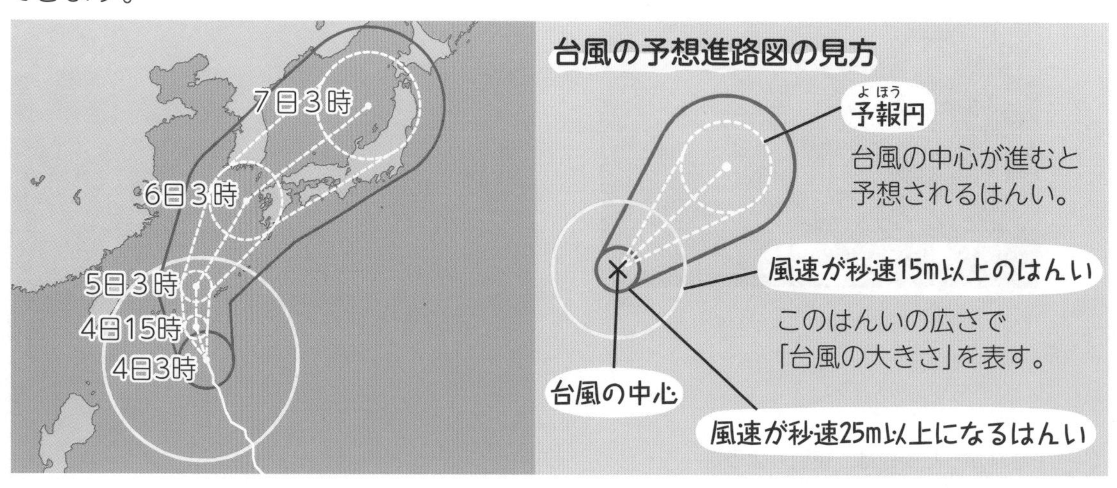

基本練習

答えは別さつ3ページ

1 次の問いに答えましょう。

⑴ 台風が近づくと，風や雨はどのようになりますか。

〔　　　　〕

⑵ 台風は，陸の上と海の上，どちらで発生しますか。

〔　　　　〕

⑶ 台風が日本に近づくことが多いのは，1月から2月ごろ，8月から9月ごろのどちらですか。

〔　　　　〕

⑷ 台風の予想進路図で，台風の中心が進むと予想されるはんいを示(しめ)す円を何といいますか。

〔　　　　〕

2 次の台風の予想進路図で，台風が沖縄県に最も近づくのは，10月の何日から何日にかけてですか。

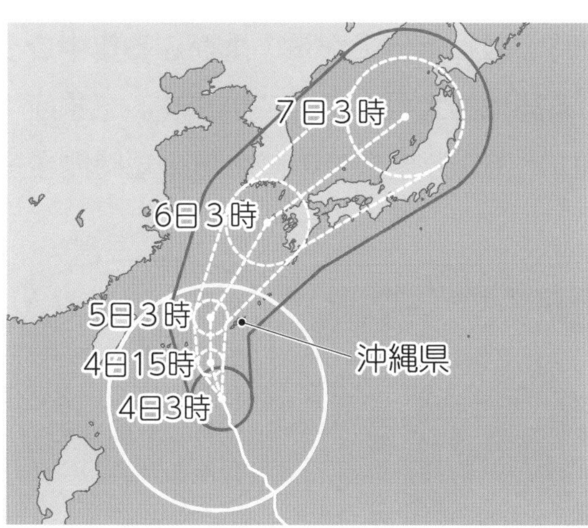

10月〔　　　　〕日から

〔　　　　〕日にかけて

最も近づく。

できなかった問題は，復習(ふくしゅう)しよう。

学習日　　月　　日

05 大雨がふるとどうなるの？

★こう水や土砂くずれなどの災害が起こりやすくなる！

大雨がふると，川の水があふれて**こう水**が起こったり，水をふくんだ土砂が山やがけからくずれ落ちる**土砂くずれ**が起こったりします。

日ごろから**ハザードマップ**を参考にひ難場所や安全な道を確かめておきましょう。大雨のときは，気象庁や自治体が発表する気象情報やひ難情報に注意しましょう。

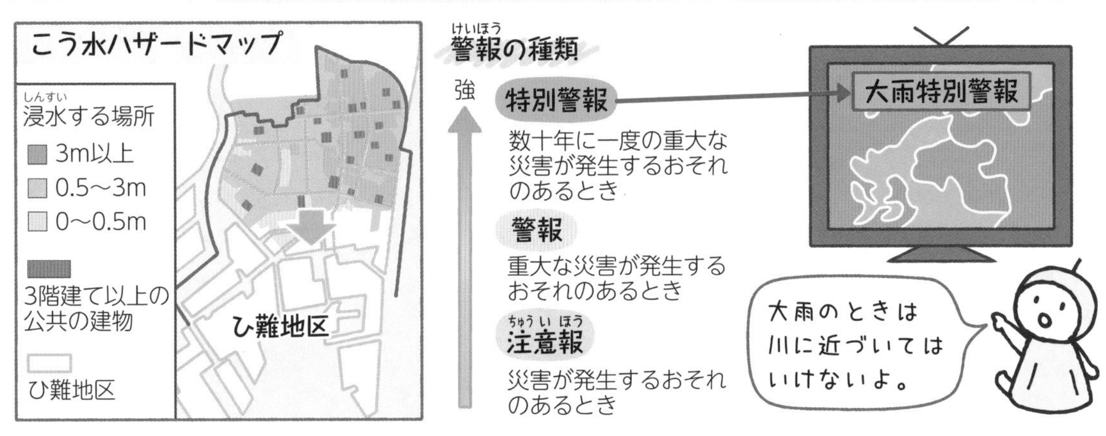

★近年，集中ごう雨や局地的大雨が増えている！

近年，**積らん雲**が発達して，同じ場所に数時間にわたって大量の雨がふる**集中ごう雨**やせまい地いきで短時間にはげしい雨がふる**局地的大雨**が増えています。気象庁では，**気象レーダー**からの雨雲のようすをもとに，60分後までの降水量の短時間予報を発信しています。

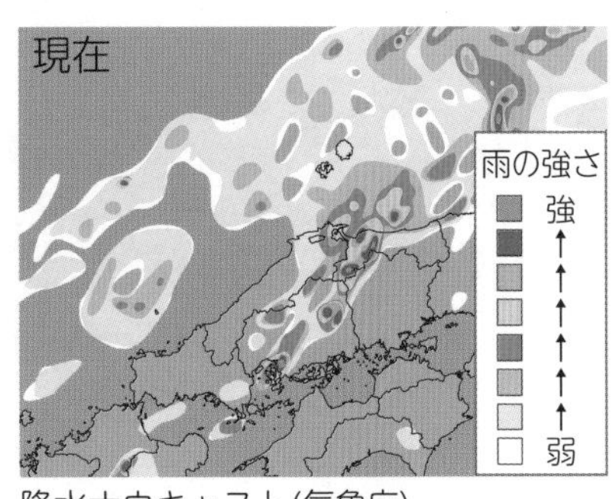

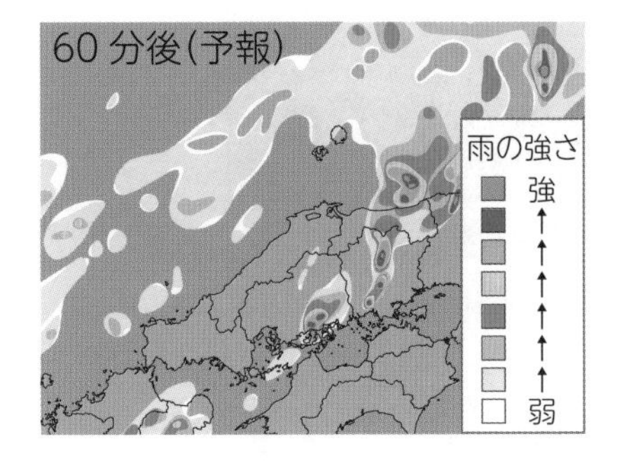

降水ナウキャスト(気象庁)

基本練習

答えは別さつ4ページ

1 次の問いに答えましょう。

(1) 短時間に大雨をふらせる雲は，らんそう雲，積らん雲のどちらですか。

〔　　　　　〕

(2) せまい地いきに短時間でふるはげしい雨を何といいますか。

〔　　　　　〕

(3) 雨雲のようすや雨量（うりょう）情報を観測（かんそく）するレーダーを何といいますか。

〔　　　　　〕

(4) 大雨により，川の水があふれて起こる災害を何といいますか。

〔　　　　　〕

(5) 数十年に一度の重大な災害が発生するおそれのあるときに発表される警報を何といいますか。

〔　　　　　〕

2 大雨のときにしてはいけないことをア～エの中から1つ選びましょう。

〔　　　　　〕

ア 川の水の増え方を1人で観察しに行く。

イ インターネットで自分の住む地いきの雨量情報を調べる。

ウ ハザードマップで，ひ難場所やひなんする道を確（かく）にんする。

エ 1時間ごとに，家の中から雨の強さを観察する。

できなかった問題は，復習（ふくしゅう）しよう。

復習テスト 1

1

次のA，Bの写真の雲について，次の問いに答えましょう。【各7点　計21点】

(1)　Aの雲は，広いはんいに長時間雨をふらせます。何という雲ですか。次のア～ウから1つ選び，記号で答えましょう。〔　　　〕

ア　けん雲　　イ　らんそう雲　　ウ　積らん雲

(2)　Bの雲は，短時間に大量の雨をふらせます。何という雲ですか。(1)のア～ウから1つ選び，記号で答えましょう。〔　　　〕

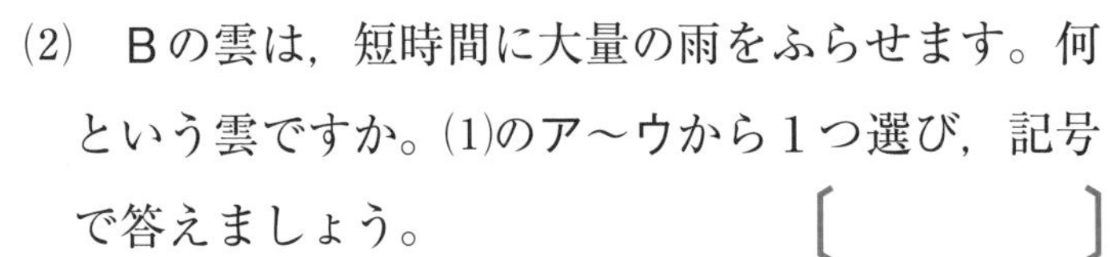

(3)　晴れか，くもりかの天気を決めるのは，空全体をおおう何の量ですか。

〔　　　　　〕

2

図1，図2の気象情報について，あとの問いに答えましょう。【各8点　計16点】

図1

図2

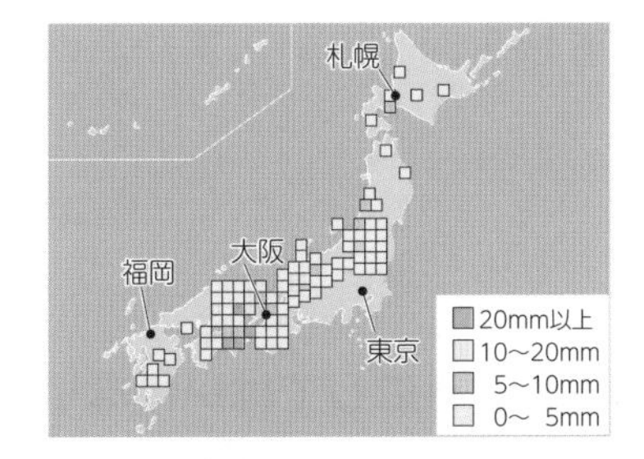

(1)　図1の情報からわかることは何ですか。次のア～エから1つ選び，記号で答えましょう。〔　　　〕

ア　各地の気温　　イ　各地の風の強さ

ウ　雲のようす　　エ　各地にふった雨の量

(2)　図2の情報からわかることは何ですか。(1)のア～エから1つ選び，記号で答えましょう。〔　　　〕

雲画像提供：日本気象協会 tenki.jp

➡ 答えは別さつ14ページ

学習日	得点
月　　日	／100点

3

次の雲画像(くもがぞう)は，連続した３日間の同じ時こくに気象衛星(えいせい)からさつえいされたものです。あとの問いに答えましょう。【⑴13点　⑵8点　計21点】

⑴　㋐～㋒の雲画像を，日付順にならべましょう。

〔　　→　　→　　〕

⑵　㋐～㋒の雲画像がさつえいされた次の日，大阪の天気は，晴れ，くもり，雨のどれになると予想できますか。〔　　〕

4

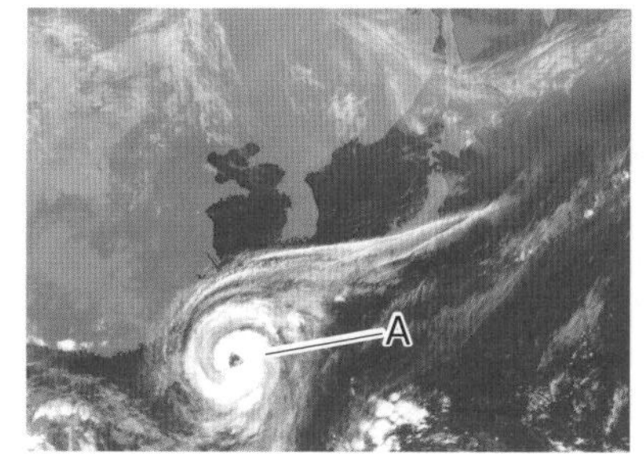

右の雲画像は，日本付近のある日のようすです。次の問いに答えましょう。【各7点　計42点】

⑴　Aは，雲がうずをまいています。これは何ですか。〔　　〕

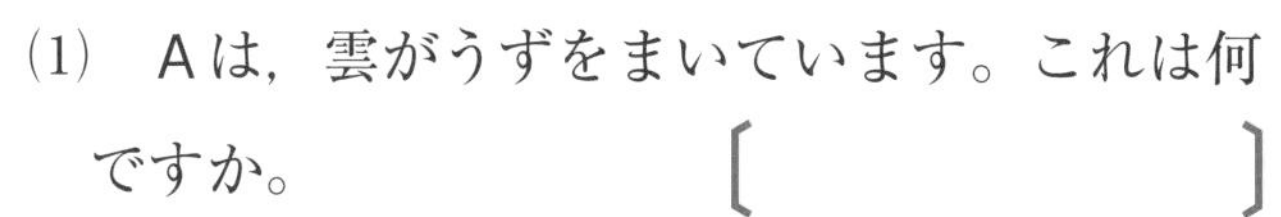

⑵　Aは，日本付近ではどちらの方角からどちらの方角へ動いていきますか。東西南北の方角を〔　〕に書きましょう。

●日本付近の〔　　〕の海上から〔　　〕や東に動いていく。

⑶　Aが近づくと，風や雨はどのようになりますか。

〔　　〕

⑷　大雨がふったために起こる災害(さいがい)を，次のア～オから２つ選び，記号で答えましょう。〔　　〕〔　　〕

ア　土砂(どしゃ)くずれで家がこわれる。　　イ　店のかん板が飛ばされる。

ウ　電柱がたおれる。　　エ　橋が流される。　　オ　大きな木が折れる。

提供：気象庁

06 発芽に水は必要なの？

★発芽(はつが)には水が必要かどうか，実験して調べよう!

植物の種子(しゅし)が芽を出すことを，**発芽**といいます。

発芽に水が必要かどうかを調べる実験では，水以外の条件(じょうけん)をすべて同じにします。なぜなら，調べたいこと以外のすべての条件を同じにしないと，何の条件によってその結果になったのかがわからなくなってしまうからです。

★種子の発芽には，水が必要!

上の実験で変えた条件は，水をあたえるかあたえないかだけでした。

結果から，発芽には水が必要なことがわかります。

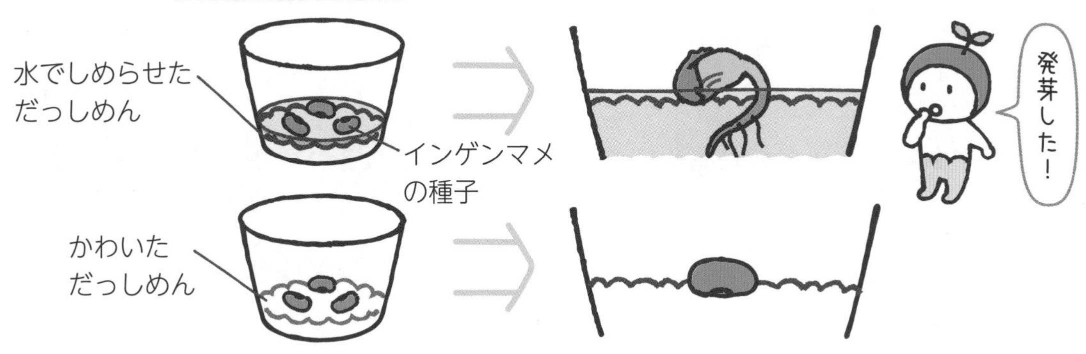

基本練習

➡ 答えは別さつ4ページ

1 次の問いに答えましょう。

(1) 植物の種子が芽を出すことを何といいますか。

〔　　　　　　　〕

(2) 発芽に水が必要かどうかを調べる実験では，どの種子も同じ温度のあたたかい場所に置くことが必要ですか，必要ないですか。

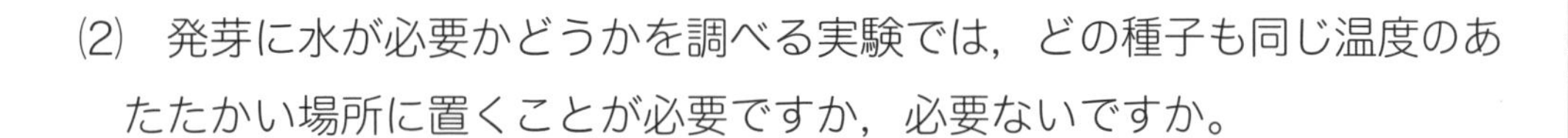

〔　　　　　　　〕

(3) 発芽に水が必要かどうかを調べる実験では，どの種子も同じように空気にふれていることが必要ですか，必要ないですか。

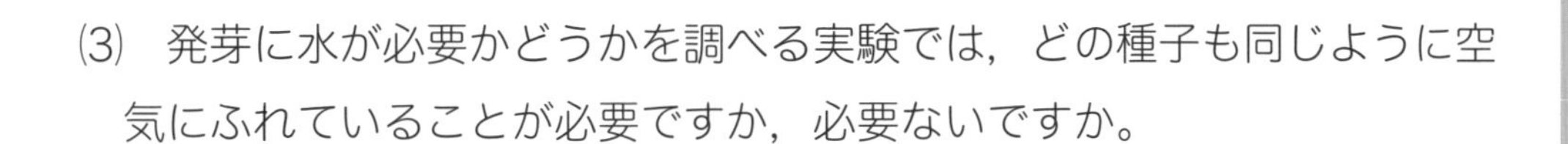

〔　　　　　　　〕

(4) 種子の発芽には水が必要ですか，必要ないですか。

〔　　　　　　　〕

2 インゲンマメの種子を次のように置いたとき，①の種子は発芽しましたが，②の種子は発芽しませんでした。これはなぜですか。

〔　　　　　　　　　　　　　　　　〕

できなかった問題は，復習(ふくしゅう)しよう。

学習日 月 日

07 発芽に空気や温度は必要なの？

★種子の発芽には，空気も適当な温度も必要！

空気にふれている種子（コップA）は発芽しますが，水にしずめ，空気にふれていない種子（コップB）は発芽しません。このように，発芽には**空気**が必要です。

あたたかい場所に置いた種子（コップC）は発芽しますが，冷ぞう庫に入れた種子（コップD）は発芽しません。このように，発芽には**適当な温度**が必要です。

空気が必要かを調べる実験

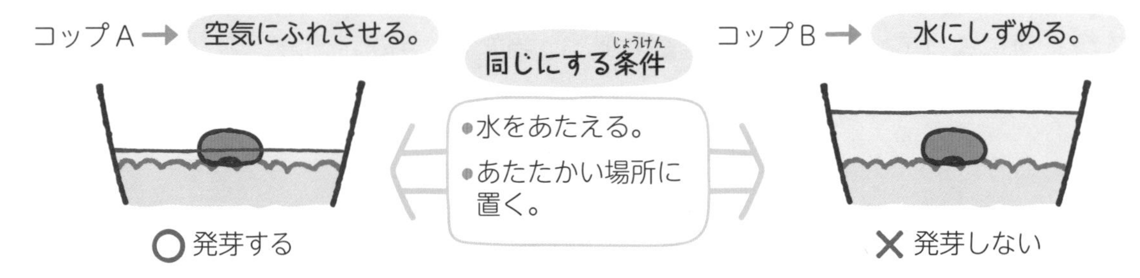

適当な温度が必要かを調べる実験

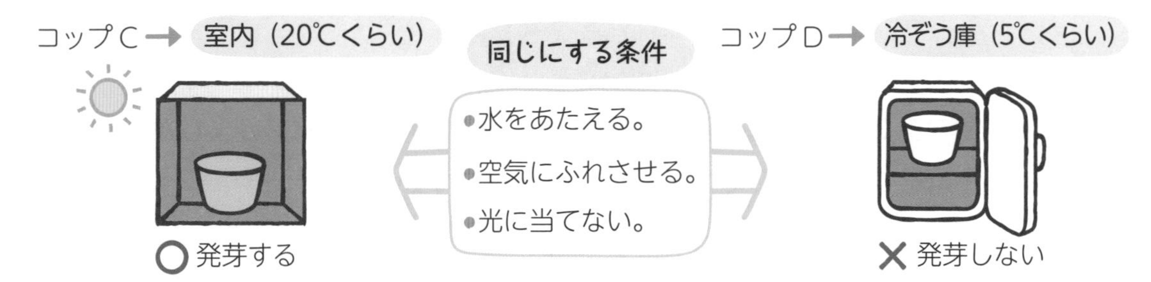

★発芽には，水，空気，適当な温度が必要！

発芽には，水，空気，適当な温度の３つが必要です。１つでも条件が足りないと，発芽しません。

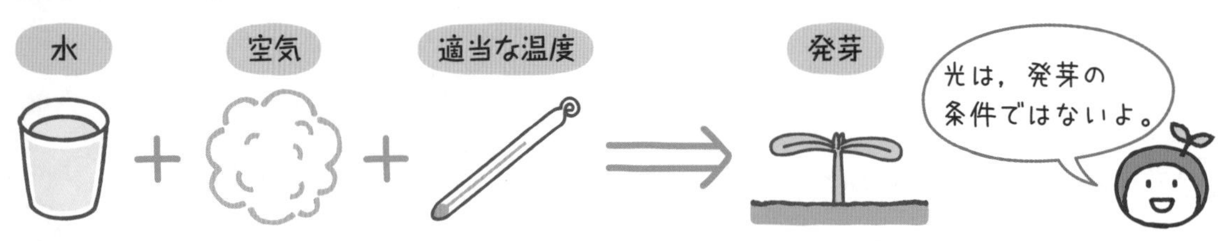

基本練習

答えは別さつ4ページ

1 次の問いに答えましょう。

(1) 発芽に必要な３つの条件を書きましょう。

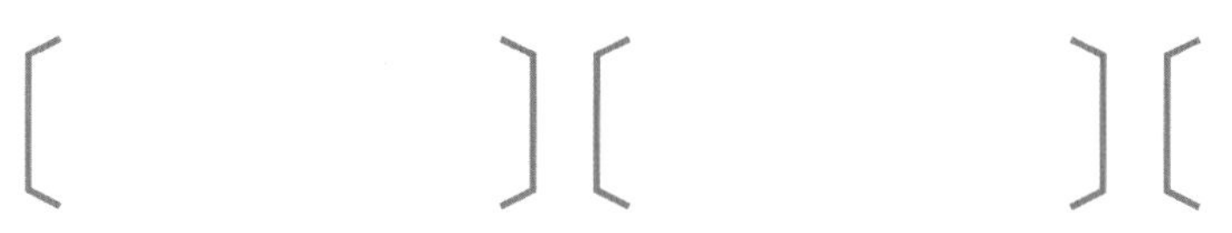

(2) (1)の３つの条件のうちの１つが足りない場合，種子は発芽しますか，発芽しませんか。

［　　　　］

2 次の問いに答えましょう。

(1) あたたかい場所に置いた，次のインゲンマメの種子は発芽しませんでした。発芽に必要な条件のうち，足りないものは何ですか。

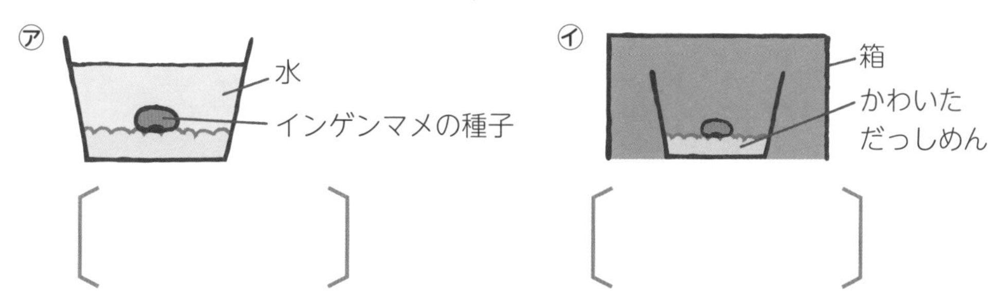

(2) インゲンマメの種子を使って，発芽に適当な温度が必要かどうかを調べました。しかし，この実験ではウ，エで，ちがう条件が２つあるので，正確（せいかく）に調べることができません。適当な温度以外に，ウにあってエにはない条件は何ですか。

［　　　　］

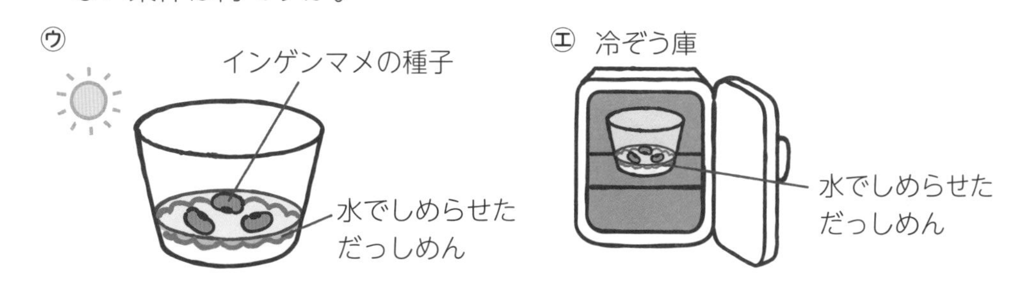

できなかった問題は，復習（ふくしゅう）しよう。

学習日 月 日

08 肥料をあたえなくても発芽するの？

★種子(しゅし)は養分をもっているから，肥料(ひりょう)がなくても発芽(はつが)する！

インゲンマメの種子には，**根・くき・葉になる部分**と，**子葉**(しよう)があります。子葉には，**でんぷん**（養分）がふくまれているので，肥料がなくても種子は発芽します。

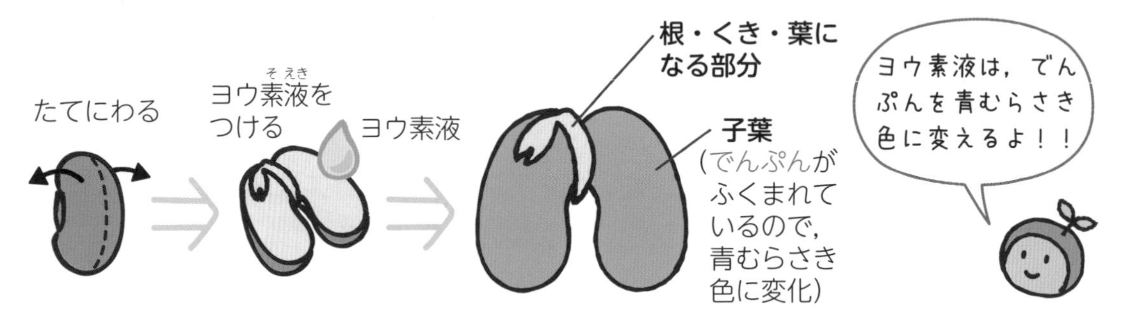

★発芽には，子葉の養分が使われる！

発芽前の種子と発芽して成長した後の子葉を横に切って，切り口に**ヨウ素液**をつけると，成長した後の子葉は色がほとんど変わりません。このことから，種子の子葉にふくまれていたでんぷんは発芽の養分として使われたと考えられます。

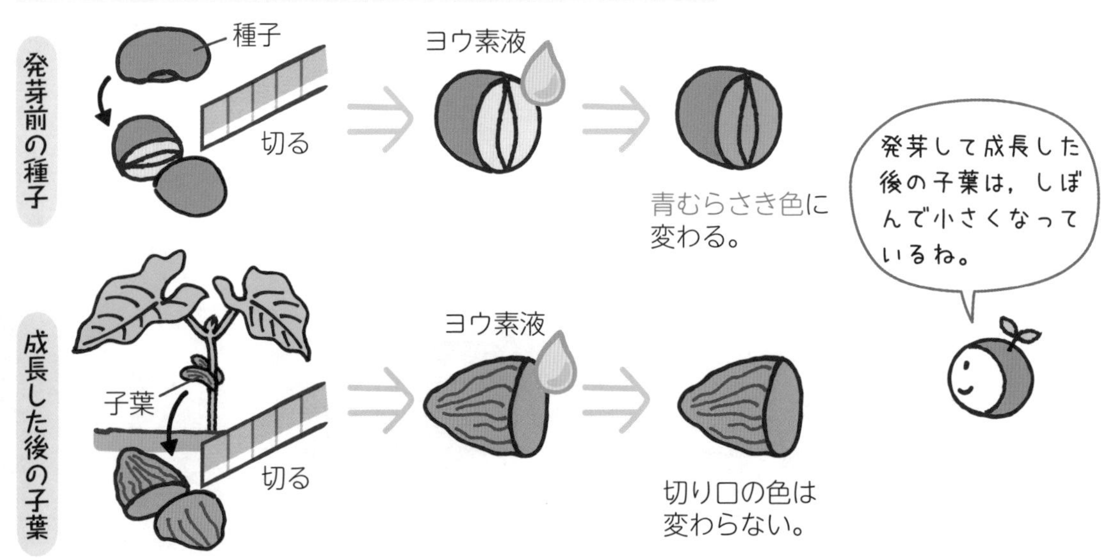

基本練習

答えは別さつ4ページ

1 次の問いに答えましょう。

(1) ヨウ素液は，でんぷんを何色に変えますか。

[　　　　]

(2) 発芽前の種子と，発芽して成長した後の子葉を切って，切り口にヨウ素液をつけたとき，色が変わるのは，発芽前の種子，成長した後の子葉のどちらですか。

[　　　　]

(3) 種子の発芽に肥料は必要ですか，必要ないですか。

[　　　　]

2 次の問いに答えましょう。

(1) インゲンマメの種子で，でんぷんが多くふくまれている部分を何といいますか。また，その場所は㋐，㋑のうちのどちらでしょう。

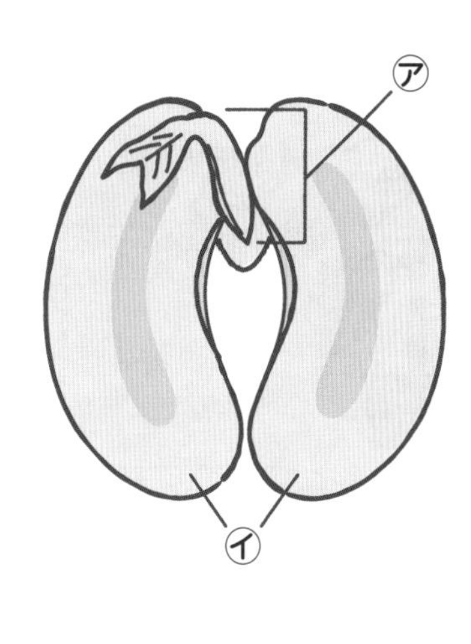

名前 [　　　　]

場所 [　　　　]

(2) (1)にふくまれていたでんぷんは何に使われますか。

[　　　　]

できなかった問題は，復習(ふくしゅう)しよう。

学習日 月 日

09 植物が元気に育つには何が必要？

★植物が元気に育つには日光も肥料(ひりょう)も必要！

インゲンマメの成長に日光と肥料が関係するかどうかを調べます。

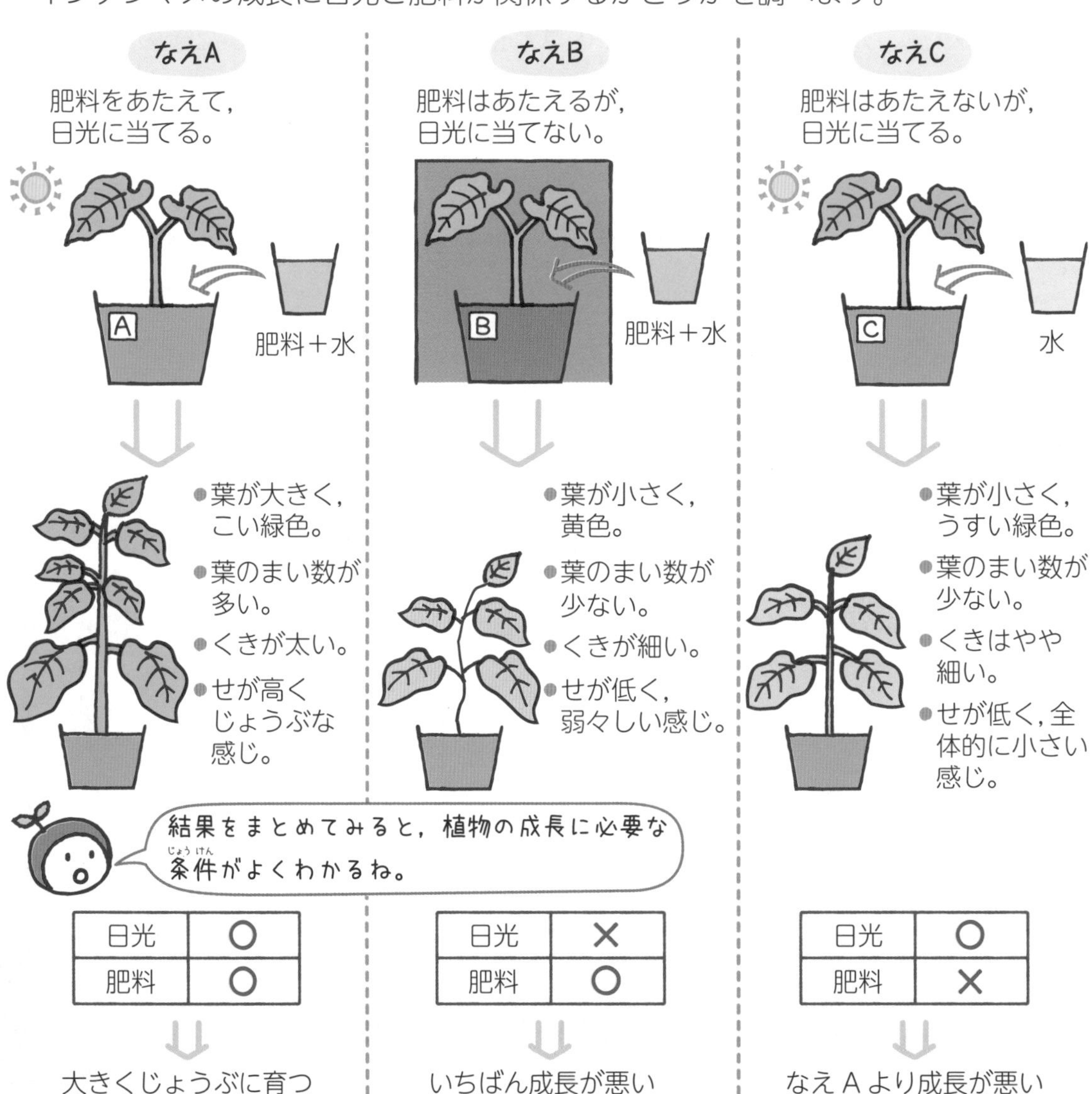

植物の成長には，発芽に必要な条件とともに，日光が必要です。また，植物に肥料をあたえると元気に育ちます。

基本練習

➔ 答えは別さつ5ページ

1 次の問いに答えましょう。

(1) インゲンマメのなえAは日光の当たる場所で，なえBは箱をかぶせて日光が当たらないようにして，どちらにも水と肥料をあたえて育てました。このとき，葉の色がこい緑色になるのは，AとBのどちらですか。

〔　　　〕

(2) (1)のとき，せが低く，くきが細く弱々しい感じに育つのは，AとBのどちらですか。

〔　　　〕

(3) 植物がじょうぶに成長するために，日光は必要ですか，必要ないですか。

〔　　　〕

(4) インゲンマメのなえCは肥料をあたえないで，なえDは肥料をあたえて，どちらも日光の当たる場所で水をあたえて育てました。葉の緑色がうすく，まい数が少ないのは，CとDのどちらですか。

〔　　　〕

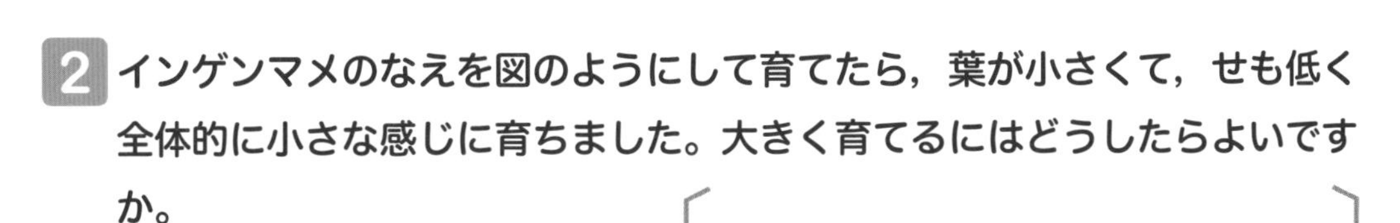

2 インゲンマメのなえを図のようにして育てたら，葉が小さくて，せも低く全体的に小さな感じに育ちました。大きく育てるにはどうしたらよいですか。

〔　　　〕

できなかった問題は，復習しよう。

復習テスト 2

②章 植物の発芽と成長

1

だっしめんをしいた容器に，図の㋐～㋕のようにしてインゲンマメの種子を入れ，発芽するかどうか調べました。次の問いに答えましょう。ただし㋓以外はあたたかい場所に置きました。

【(4)は10点　ほかは各6点　計28点】

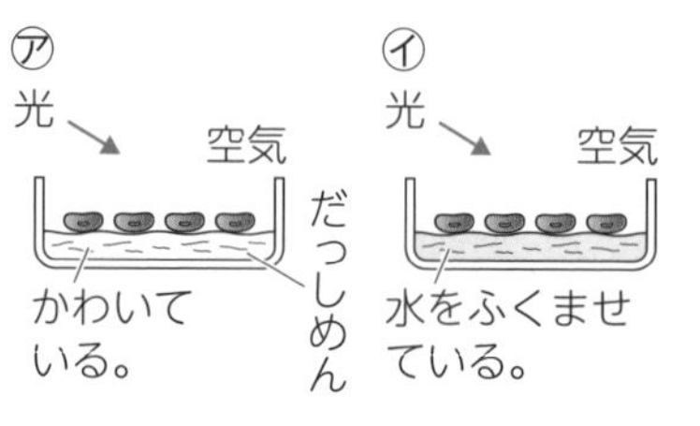

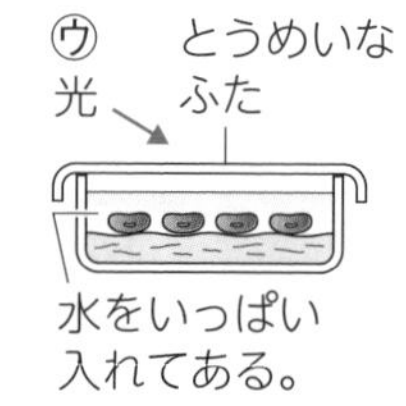

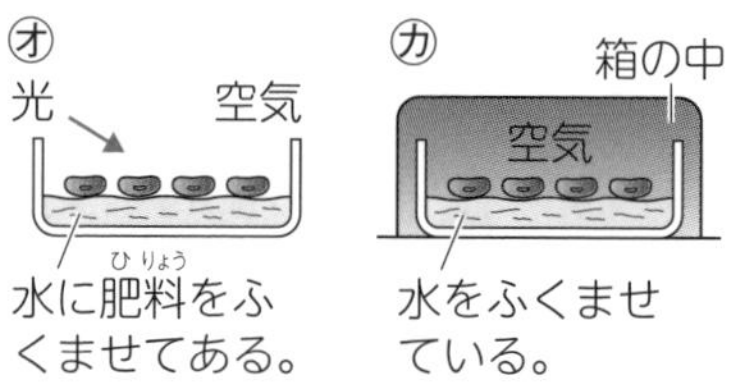

(1)　㋐～㋕の中で，発芽すると考えられるものをすべて選び，記号で答えましょう。
［　　　　　　］

(2)　発芽に水が必要かどうかを調べるには，㋐～㋕のどれとどれを比べますか。
［　　と　　］

(3)　発芽に適当な温度が必要かどうかを調べるには，㋐～㋕のどれとどれを比べますか。
［　　と　　］

(4)　発芽に必要なものをすべて書きましょう。［　　　　　　］

2

右の図の種子のつくりについて，次の問いに答えましょう。【各7点　計21点】

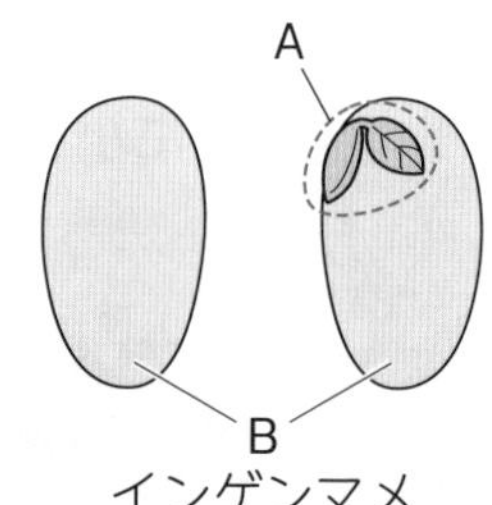

(1)　図のAの部分は，育つと何になるところですか。次のア～ウから選び，記号で答えましょう。［　　　　］

ア　実だけになるところ

イ　花だけになるところ

ウ　根・くき・葉になるところ

(2)　図のBの部分には，何がふくまれていますか。［　　　　　　］

(3)　Bの部分を，何といいますか。［　　　　　　］

➔ 答えは別さつ14ページ

学習日	得点
月　　日	／100点

3

種子にふくまれている養分について，次のような実験をしました。次の問いに答えましょう。

【(4)9点　ほかは各7点　計30点】

発芽前のインゲンマメの種子㋐と，発芽してしばらくたったインゲンマメの㋑の部分をそれぞれ2つに切り，切り口にヨウ素液をつけて色の変化を調べました。

(1)　ヨウ素液は，何があることを調べる薬品ですか。　［　　　　　］

(2)　(1)があると，ヨウ素液はうすい茶色から何色に変化しますか。　［　　　　　］

(3)　㋐と㋑で，ヨウ素液をつけたときの色の変化がはっきりとしていないのはどちらですか。記号で答えましょう。　［　　　　　］

(4)　(3)で，ヨウ素液の色がはっきりと変化しなかったのはなぜですか。
［　　　　　　　　　　　　　　　　　　　　］

4

植物が成長するための条件について，次のような実験をしました。

肥料がふくまれていない土で育てたインゲンマメのなえを使って，右の図のようにして育ち方を調べました。次の問いに答えましょう。

【各7点　計21点】

（4つとも日なたにおく。）

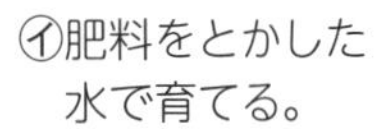

㋐水だけで育てる。

㋑肥料をとかした水で育てる。

㋒水だけで育てる。

㋓肥料をとかした水で育てる。

(1)　インゲンマメが最もよく育ったのは，㋐～㋓のどれですか。　［　　　　　］

(2)　㋐と㋑，㋑と㋓の結果をそれぞれ比べたとき，インゲンマメの育ち方と何の関係がわかりますか。　㋐と㋑［　　　　　］　㋑と㋓［　　　　　］

10 おすとめすはどう見分けるの？

★おすとめすは，ひれの形で見分ける！

メダカのおすとめすは，**せびれ**と**しりびれ**の形がちがいます。

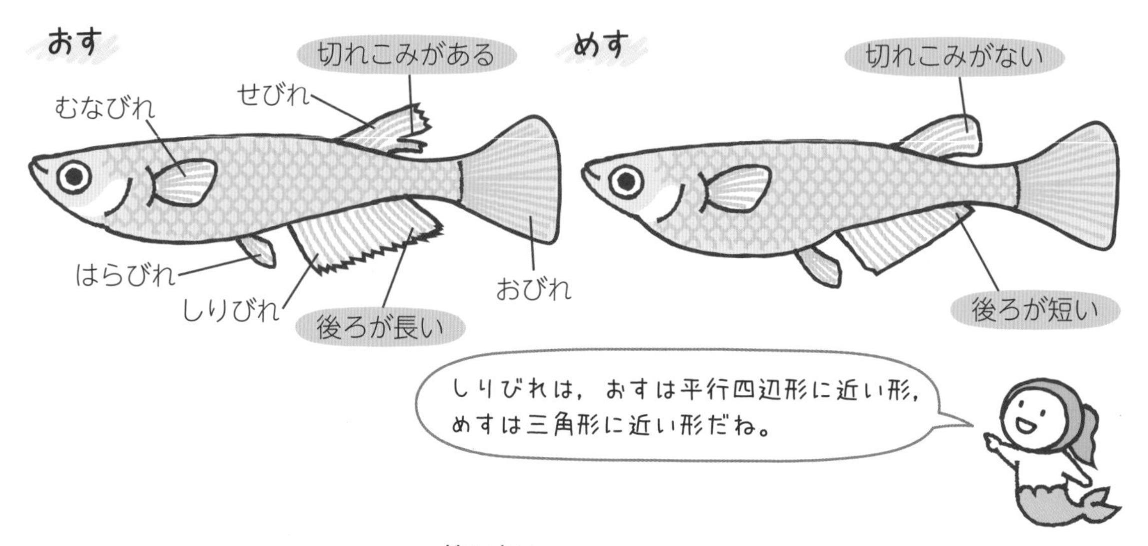

★たまごが育つには，受精(じゅせい)が必要！

めすが産んだ**たまご**（**卵**(らん)ともいう）が，おすが出した**精子**(せいし)と結びつくと，たまごが育ち始めます。

たまごと精子が結びつくことを**受精**，受精したたまごを**受精卵**(じゅせいらん)といいます。

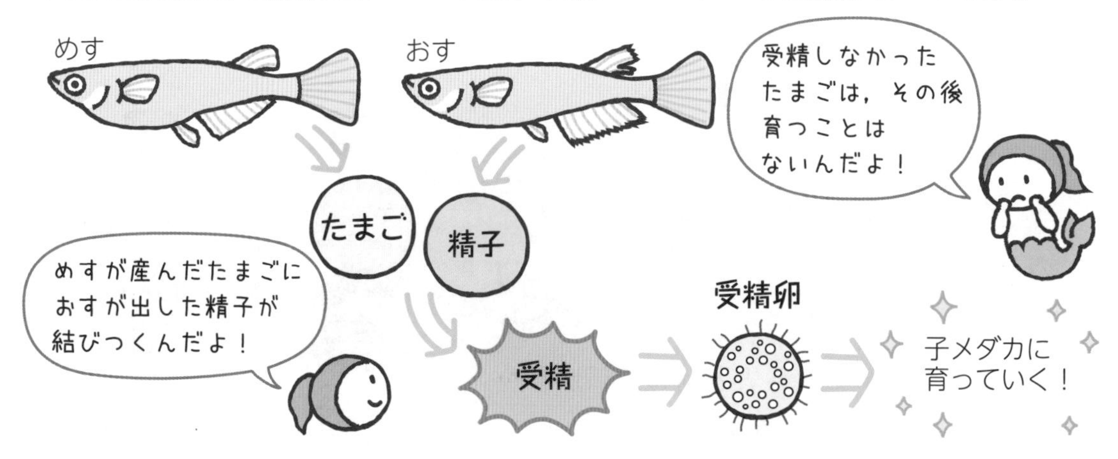

基本練習

答えは別さつ5ページ

1 次の問いに答えましょう。

(1) せびれに切れこみのあるメダカは，おすですか，めすですか。

〔　　　　　　　　〕

(2) しりびれの後ろのはばが短いメダカは，おすですか，めすですか。

〔　　　　　　　　〕

(3) たまご（卵）と精子が結びつくことを何といいますか。

〔　　　　　　　　〕

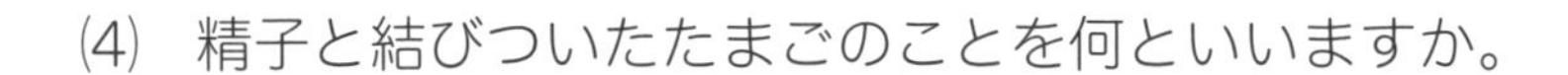
(4) 精子と結びついたたまごのことを何といいますか。

〔　　　　　　　　〕

2 図のようなメダカを1ぴき飼っています。もう1ぴき入れて，たまごを産ませてメダカをふやしたいと思います。おす，めすのどちらを入れればよいですか。

〔　　　　　　　　〕

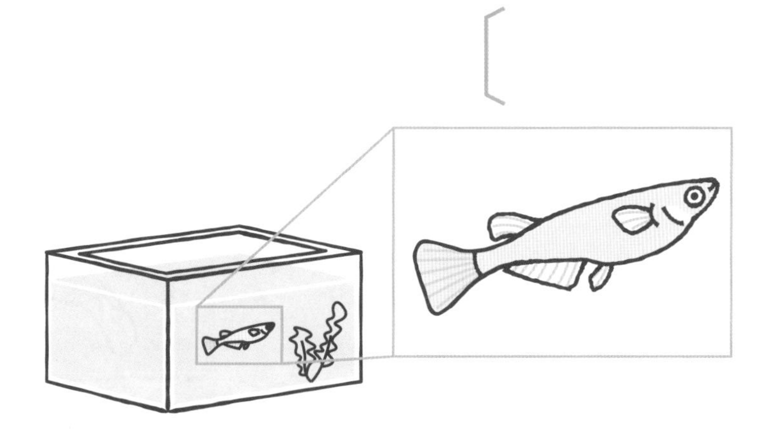

できなかった問題は，復習しよう。

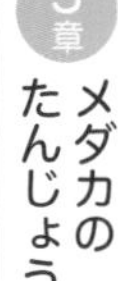

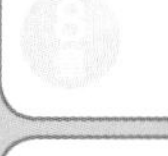

11 たまごはどのように育つの？

★たまごがどのように育つか，観察して調べよう！

たまごは水草(みずくさ)につけたまま，水の入ったペトリ皿(ざら)に入れて，1～2日おきに観察します。観察には，**解(かい)ぼうけんび鏡(きょう)**や**そう眼(がん)実体けんび鏡**を使います。

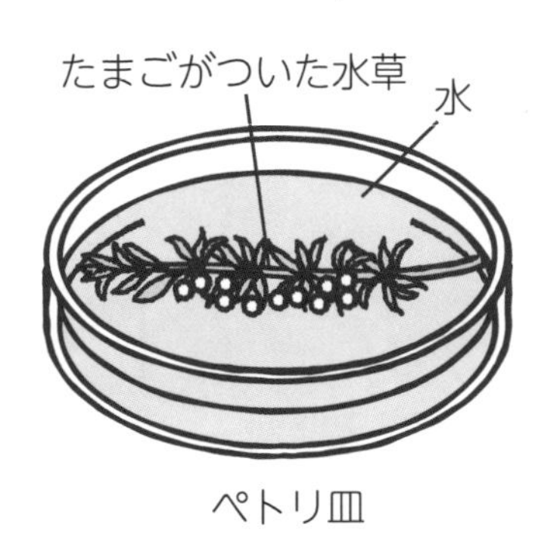

ペトリ皿

解ぼうけんび鏡

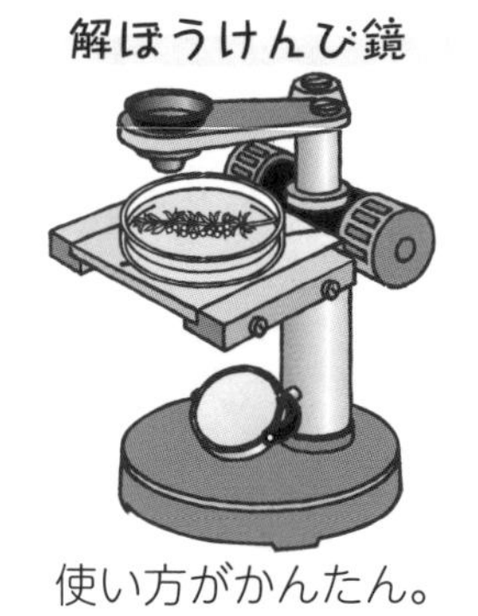
使い方がかんたん。

そう眼実体けんび鏡

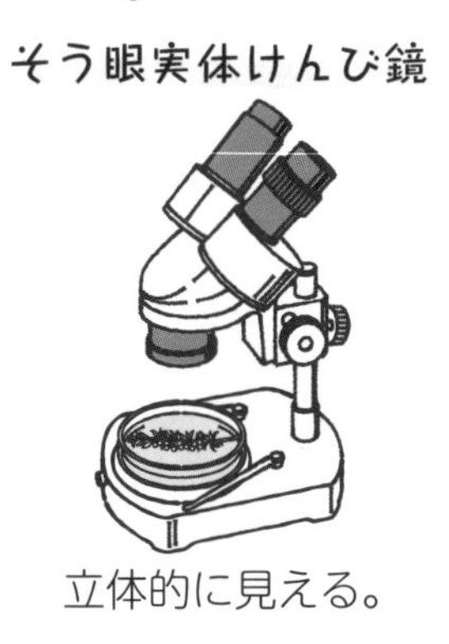
立体的に見える。

★受精(じゅせい)2日後には，からだの形ができてくる！

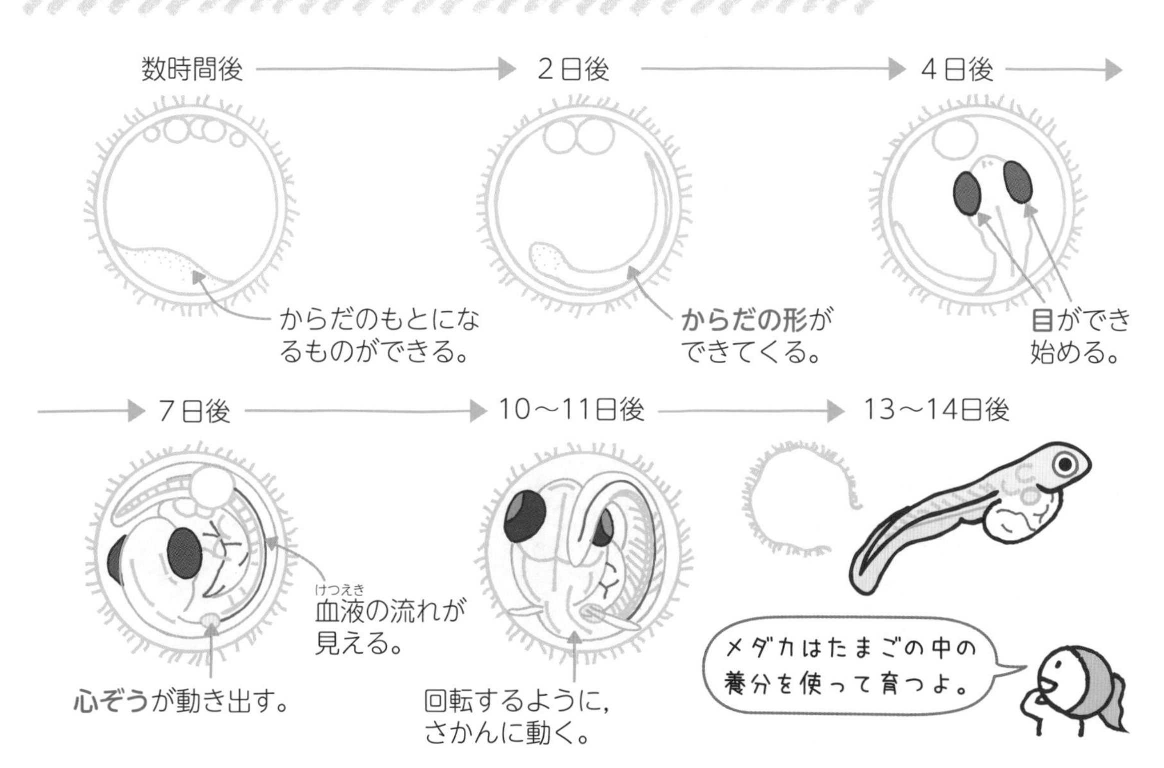

基本練習

答えは別さつ5ページ

1 次の問いに答えましょう。

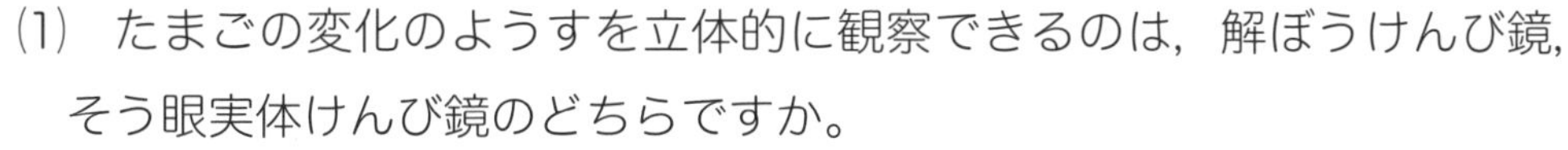

(1) たまごの変化のようすを立体的に観察できるのは，解ぼうけんび鏡，そう眼実体けんび鏡のどちらですか。

［　　　　］

(2) メダカのからだのもとになるものができ始めるのは，受精から数時間後，1日後のどちらですか。

［　　　　］

(3) メダカの受精卵（じゅせいらん）が育っていくときに，目と心ぞうは，どちらが先に観察できますか。

［　　　　］

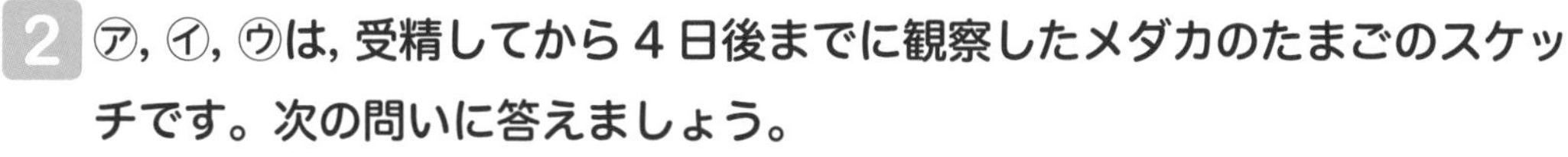

2 ㋐，㋑，㋒は，受精してから4日後までに観察したメダカのたまごのスケッチです。次の問いに答えましょう。

(1) たまごの中のメダカが育つ順に記号を書きましょう。

［　　　→　　　→　　　］

(2) たまごの中のメダカが育つための養分は，どこにありますか。

［　　　　］

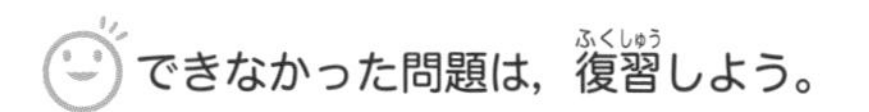

できなかった問題は，復習（ふくしゅう）しよう。

12 メダカはどうやって育つの？

★子メダカは，はらの中の養分で育つ！

子メダカがたまごのまくをやぶって出てくることを，**ふ化**(か)といいます。子メダカは受精(じゅせい)後，**約２週間**でふ化し，親と似(に)たすがたになって出てきます。

ふ化したばかりの子メダカのはらにあるふくろの中には養分が入っていて，子メダカは２～３日は，この養分を使って育ちます。

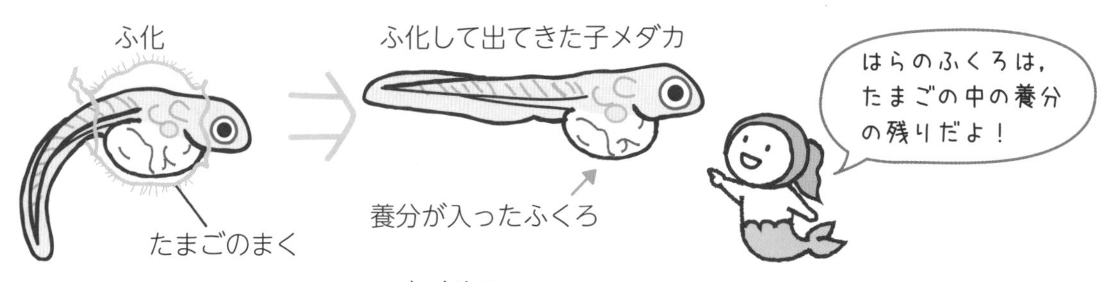

★メダカは，日光が直接(ちょくせつ)当たらないところで育てる！

メダカは，水温が 25℃くらいになる春から秋にかけて，たまごを産みます。たまごを産むように，おすとめすを同じ水そうで飼(か)いましょう。

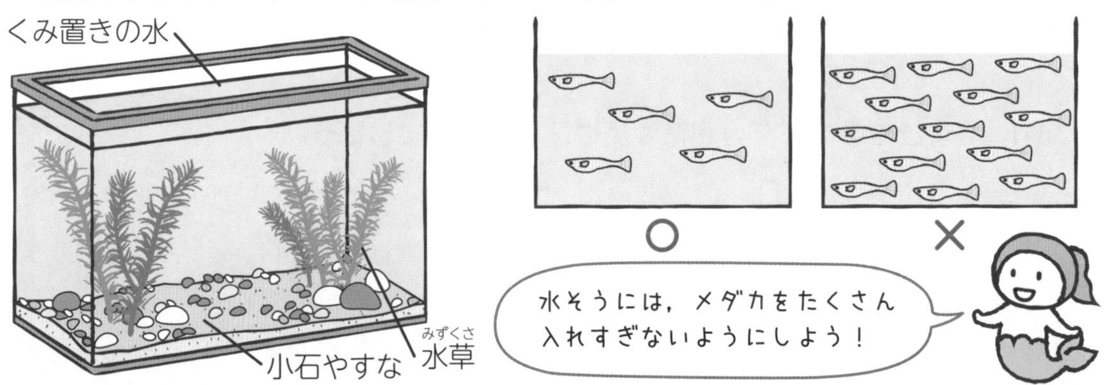

ポイント

- 水そうは，日光が直接当たらない，明るいところに置く。
- 底によくあらった小石やすなを入れ，たまごを産みつけるための水草を植える。
- **くみ置きの水**（水道水を1日置いたもの）を入れる。水がよごれたら，半分くらいをくみ置きの水と入れかえる。
- えさは，食べ残しのない程度(ていど)の量を毎日1～3回あたえる。

基本練習

➡ 答えは別さつ5ページ

1 次の問いに答えましょう。

⑴　子メダカがたまごのまくをやぶって出てくることを，何といいますか。

［　　　　　］

⑵　ふ化したばかりの子メダカのはらにはふくろがあります。このふくろに入っているのは，水と養分のどちらですか。

［　　　　　］

⑶　メダカを飼う水そうには，くんだばかりの水道水，くみ置きの水道水のどちらを入れますか。

［　　　　　］

⑷　メダカを飼う水そうは，日光がよく当たる場所，日光が直接当たらない場所のどちらに置きますか。

［　　　　　］

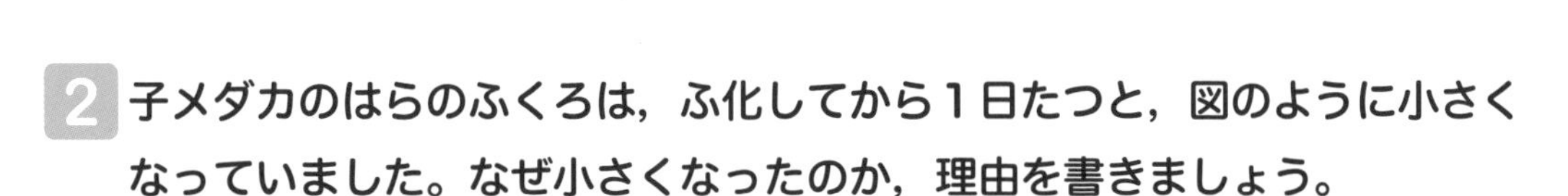

2 子メダカのはらのふくろは，ふ化してから１日たつと，図のように小さくなっていました。なぜ小さくなったのか，理由を書きましょう。

ふ化したばかりの子メダカ

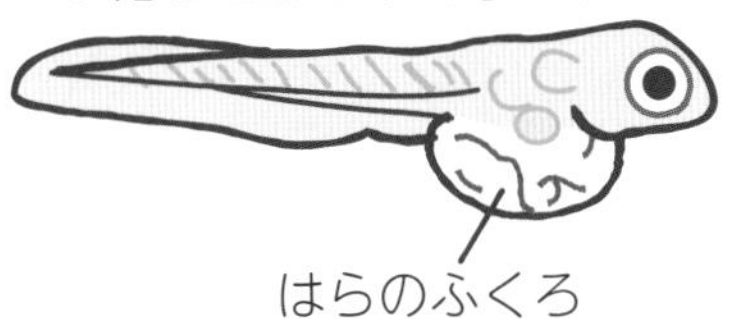

ふ化１日後の子メダカ

［　　　　　］

できなかった問題は，復習しよう。

学習日　　月　　日

13 けんび鏡を使いこなそう！

★ピント合わせは，近づけてからはなす！

けんび鏡の使い方

①明るく見えるようにする

対物レンズをいちばん低い倍率にする。
接眼レンズをのぞきながら，明るく見えるように**反しゃ鏡**を動かす。

②プレパラートをのせる

プレパラートをステージに置き，クリップでとめる。

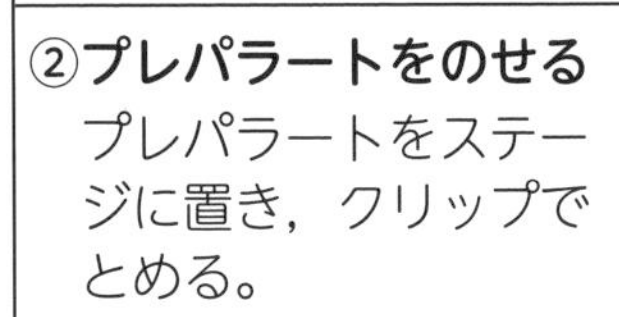

③対物レンズを近づける

横から見ながら調節ねじを回し，対物レンズとプレパラートの間を近づける。

④ピントを合わせる

調節ねじを③とは逆に回し，対物レンズとプレパラートの間をはなしながらピントを合わせる。

けんび鏡の各部分の名前

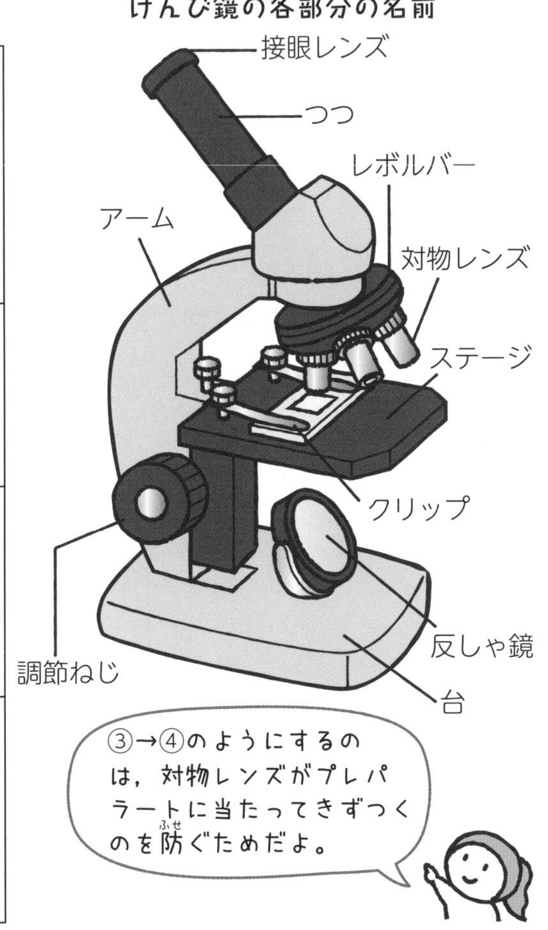

★見えているものは，上下左右が逆！

けんび鏡では，上と下，左と右が逆になって見えます。そのため，見えているものを動かしたいときは，プレパラートを上下左右逆の向きに動かします。

見たいものを左上に動かしたいとき

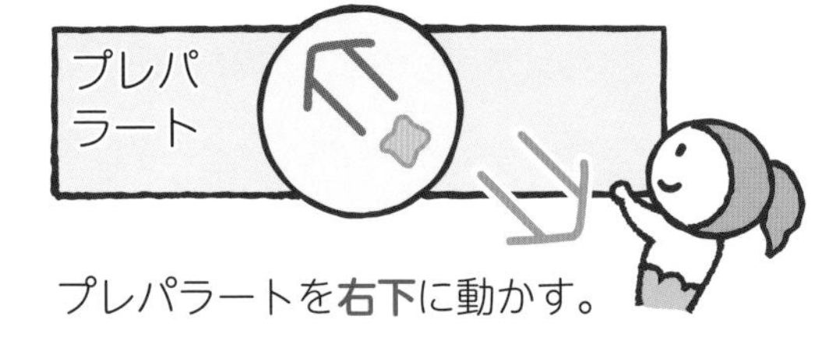

プレパラートを**右下**に動かす。

基本練習

答えは別さつ６ページ

1 次の問いに答えましょう。

⑴　けんび鏡のレンズのうち，目を近づけてのぞくレンズを何といいますか。

〔　　　　　　　　〕

⑵　けんび鏡で，明るく見えるようにするときに動かす鏡を何といいますか。

〔　　　　　　　　〕

2 次の問いに答えましょう。

⑴　けんび鏡でピントを合わせるとき，対物レンズとプレパラートの間は近づけていきますか，はなしていきますか。

〔　　　　　　　　〕

⑵　⑴のようなそうさをするのはなぜですか。

〔　　　　　　　　　　　　　　　　　　　　〕

⑶　けんび鏡で見たときに，図のように左はしに見えているものを中央に動かしたいとき，プレパラートはどの方向に動かしますか。

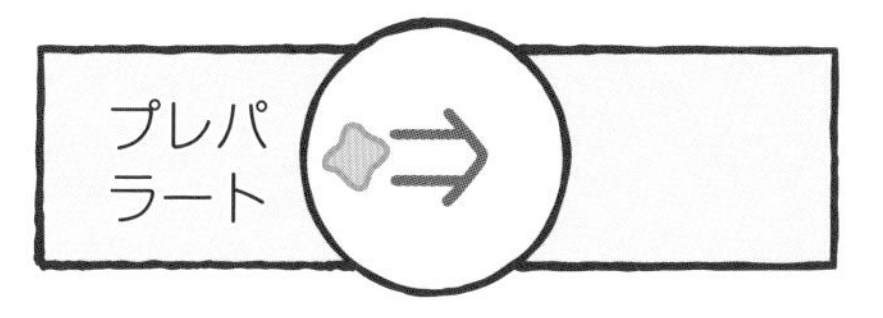

〔　　　　　　　　〕

復習テスト 3

③章 メダカのたんじょう

1 メダカについて，次の問いに答えましょう。

【各5点　計15点】

(1) 図のA，Bで，メダカのめすはどちらですか。

〔　　　〕

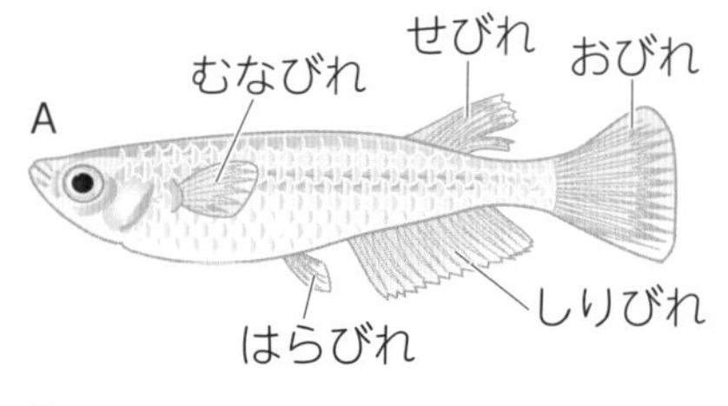

(2) メダカの飼い方で，よいものはア～エのどれですか。2つ選び，記号で答えましょう。

〔　　　〕〔　　　〕

ア　水温は5℃くらいにする。

イ　水そうは直接日光が当たらない明るいところに置く。

ウ　えさは食べ残しが出ないくらいの量を，毎日１～３回あたえる。

エ　水は毎日とりかえる。

2 メダカのたまご（卵）の育ち方を調べました。あとの問いに答えましょう。

【(1)は9点　ほかは各5点　計24点】

㋐ 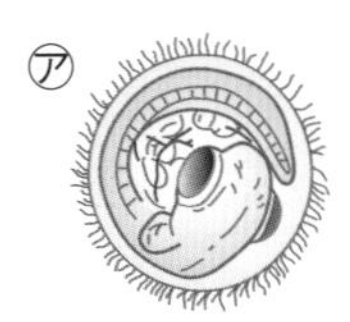
㋑ 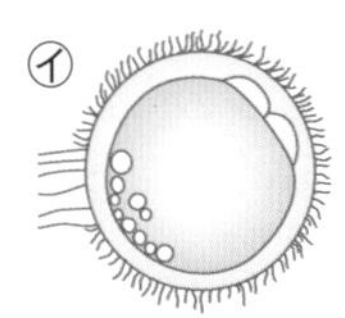
㋒ 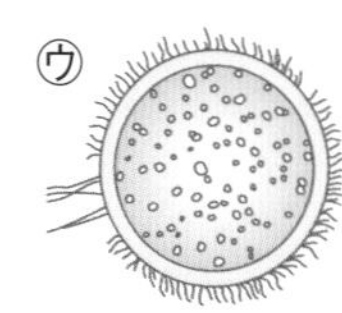
㋓ 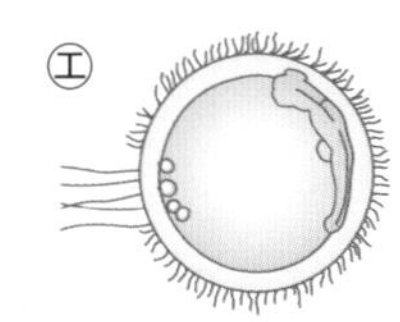
㋔ 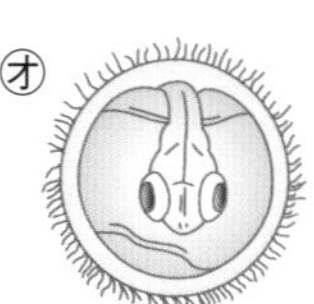

(1) 図の㋐～㋔を，たまごが育つ順にならべましょう。

〔　　→　　→　　→　　→　　〕

(2) 次の文は，図のたまごのようすを説明しています。㋐～㋔のどのたまごの説明ですか。それぞれ記号で答えましょう。

① 心ぞうが動いているのが見え，赤い血液が流れている。〔　　〕

② からだの形をしたものができてくる。〔　　〕

③ あわのつぶがまとまり，ふくらんだ部分ができる。〔　　〕

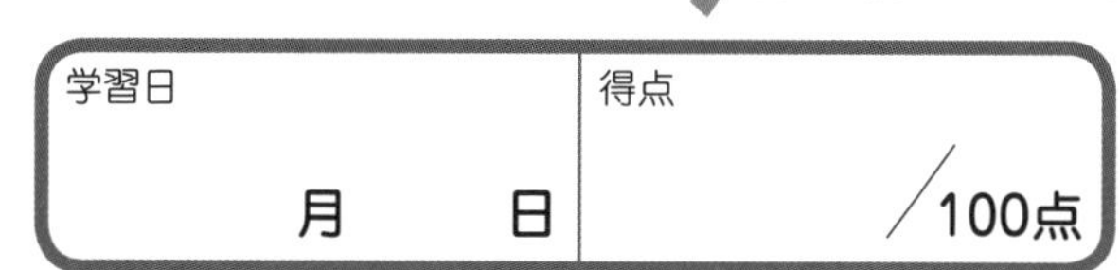

3

子メダカについて，次の問いに答えましょう。　【(4)は10点　ほかは各5点　計25点】

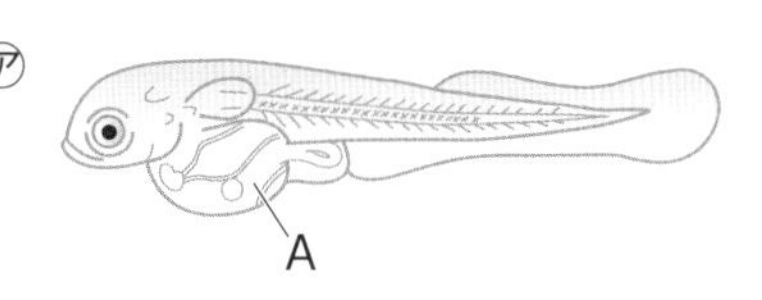

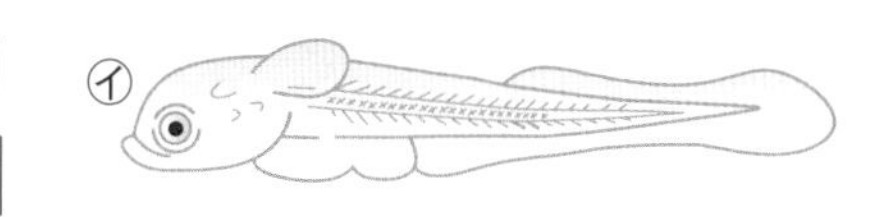

(1)　子メダカが，たまごのまくをやぶって出てくることを何といいますか。
〔　　　　　〕

(2)　たまごから出たばかりの子メダカは，図の㋐，㋑のどちらですか。　〔　　　　　〕

(3)　㋐の子メダカで，Aのふくろには何がありますか。　〔　　　　　〕

(4)　Aのふくろは，しばらくたつとなくなります。それはなぜですか。かんたんに説明しましょう。
〔　　　　　　　　　　　　　　　　　　　　〕

4

けんび鏡（きょう）の使い方について，次の問いに答えましょう。　【各6点　計36点】

(1)　図の㋐〜㋒の部分の名前を答えましょう。

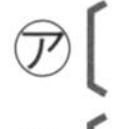

㋐〔　　　　　　　　〕
㋑〔　　　　　　　　〕
㋒〔　　　　　　　　〕

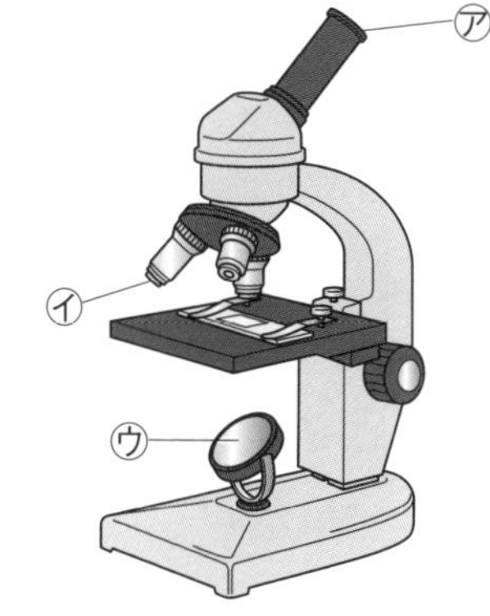

(2)　次の文は，けんび鏡のピントの合わせ方を説明したものです。①〜③にあてはまることばを〔　〕からそれぞれ選んで書きましょう。

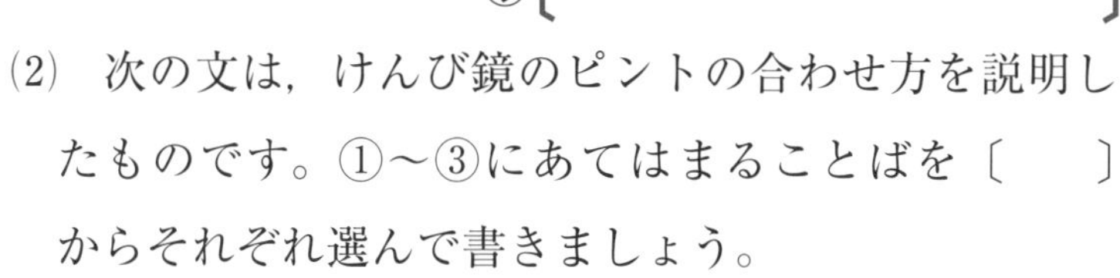

けんび鏡を横から見ながら，㋑のレンズとプレパラートをできるだけ①〔遠ざけ　近づけ〕る。次に，㋐のレンズをのぞきながら②〔レボルバー　プレパラート〕と㋑のレンズを③〔遠ざけ　近づけ〕て，ピントを合わせる。

①〔　　　　　〕　②〔　　　　　〕　③〔　　　　　〕

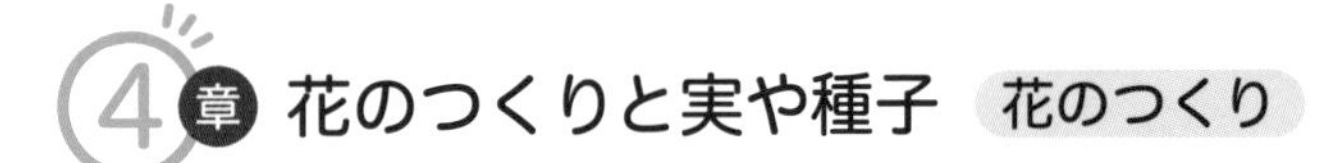

学習日
月　日

14 めばなとおばなって何がちがうの?

★花には，めしべとおしべがある!

花には，**めしべ**，**おしべ**，**花びら**，**がく**という部分があります。アサガオやアブラナは，１つの花にめしべとおしべがあり，どの花も同じようなつくりをしています。

1つの花に，おしべとめしべがある花のつくり

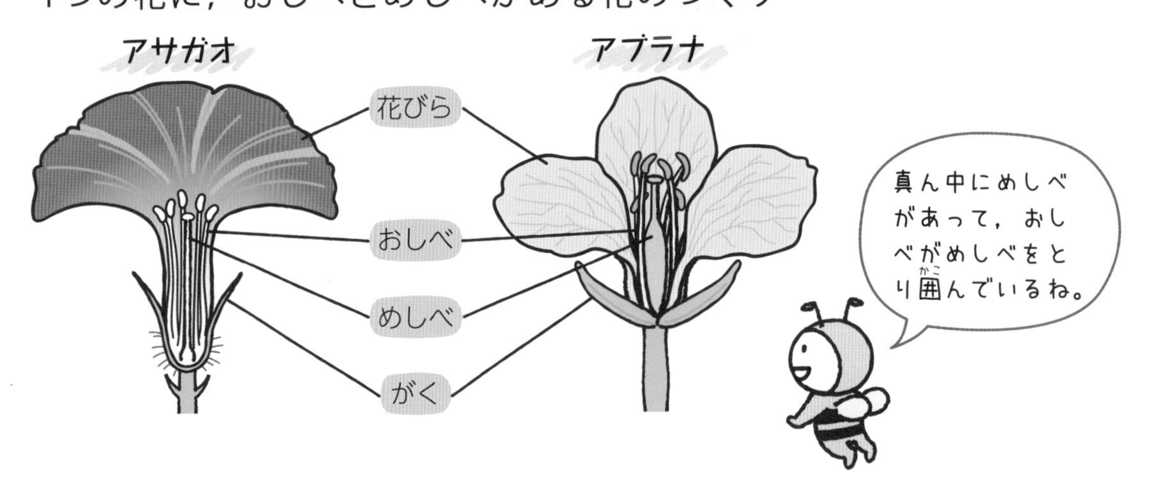

★めばなにはめしべが，おばなにはおしべがある!

ヘチマやツルレイシ，カボチャには，**めばな**と**おばな**の２種類の花があります。めばなには**めしべ**だけがあり，おばなには**おしべ**だけがあります。

めばなとおばなの花のつくり（ヘチマ）

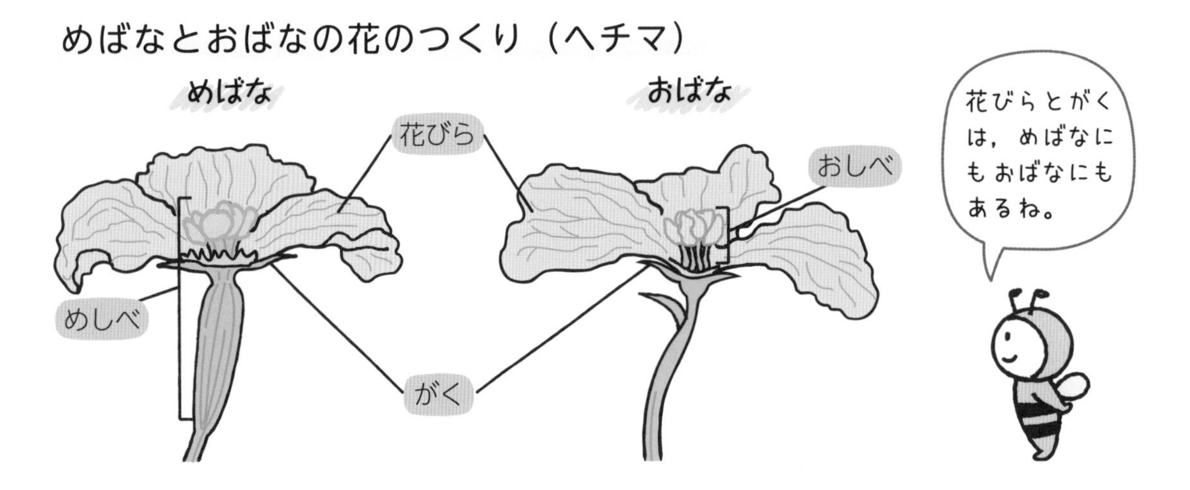

基本練習

➔ 答えは別さつ6ページ

1 次の問いに答えましょう。

(1) アブラナの花の中央に1本ある花の部分を何といいますか。

［　　　　］

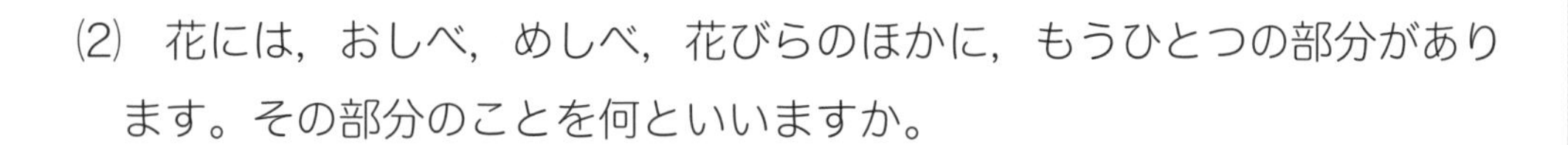

(2) 花には，おしべ，めしべ，花びらのほかに，もうひとつの部分があります。その部分のことを何といいますか。

［　　　　］

(3) ヘチマの2種類の花のうち，おしべだけがある花を何といいますか。

［　　　　］

(4) ヘチマの2種類の花のうち，めしべだけがある花を何といいますか。

［　　　　］

2 アサガオの花にあって，ヘチマのおばなにはない花の部分は何ですか。アサガオの花の図から選んで答えましょう。

アサガオの花

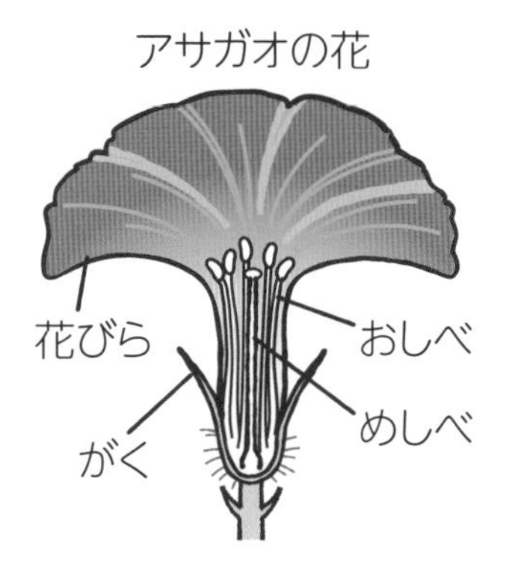

ヘチマのおばな

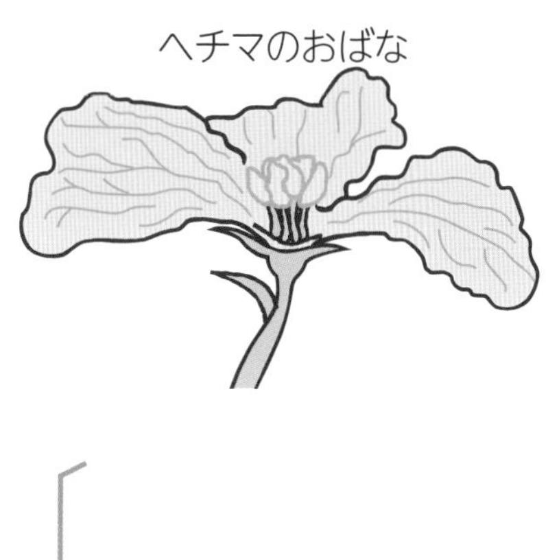

［　　　　］

できなかった問題は，復習(ふくしゅう)しよう。

学習日 月 日

15 花粉って何のためにあるの？

★花粉(かふん)がめしべの先につくと，実ができる!

おしべの先にある粉(こな)のようなものを**花粉**といいます。花粉はおしべでつくられます。

花粉がおしべの先から出てめしべの先につくことを**受粉**(じゅふん)といい，受粉した花は実をつくります。

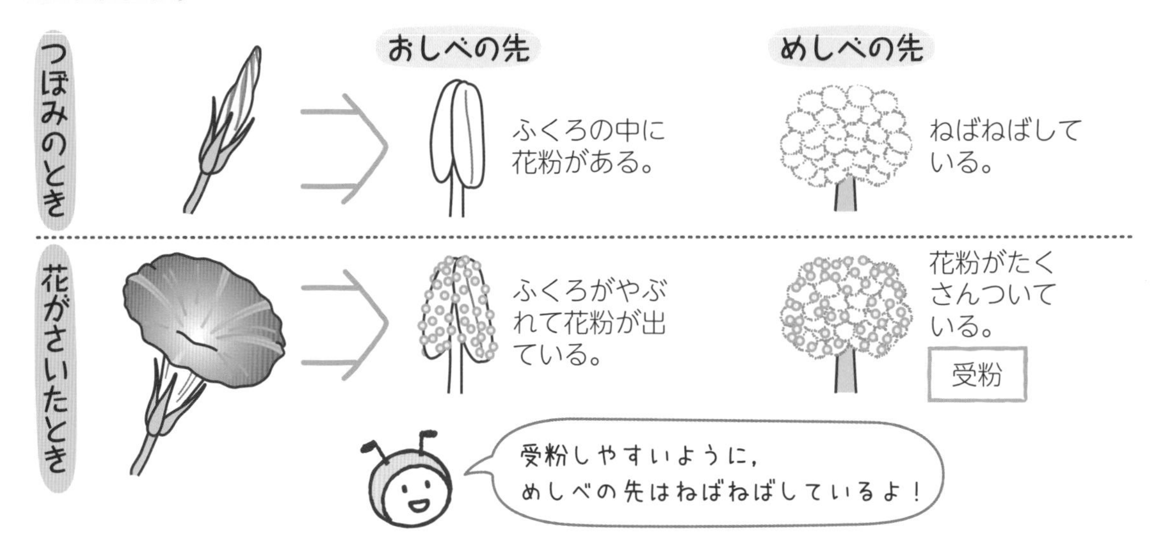

★受粉の方法は，植物によってちがう!

多くの植物は，こん虫や風の力を借りて受粉しています。しかし，こん虫や風の力ではなく，鳥や水などによって花粉が運ばれて受粉する植物もあります。

また，アサガオは花がさく前におしべがのびて，１つの花の中で自分で受粉します。

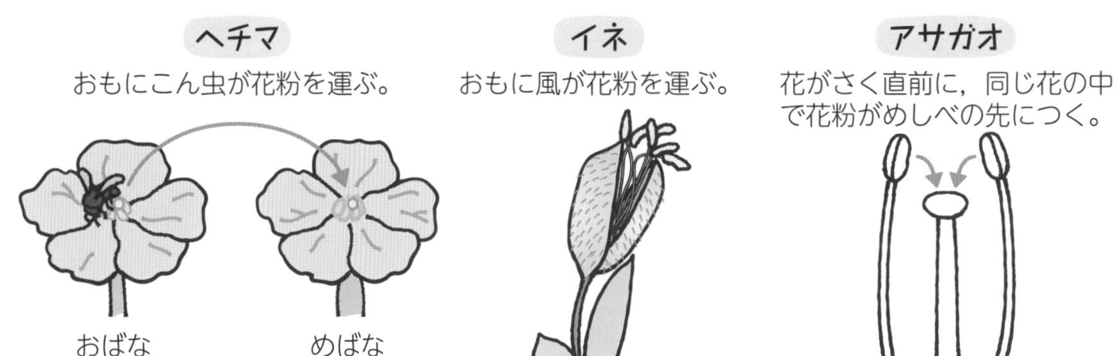

基本練習

答えは別さつ6ページ

4章 花のつくりと実や種子

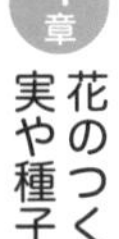

1 次の問いに答えましょう。

(1)　花粉はどこでつくられますか。

〔　　　　　　　　〕

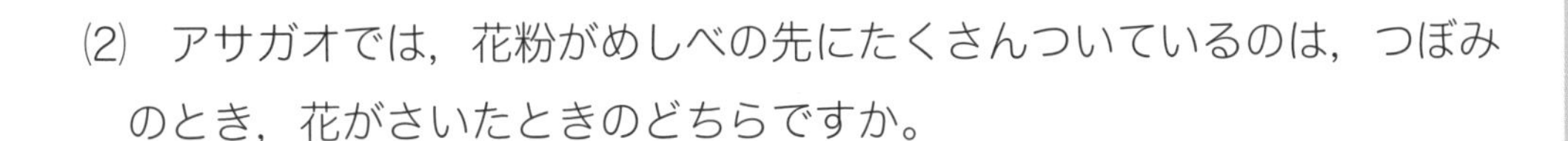

(2)　アサガオでは，花粉がめしべの先にたくさんついているのは，つぼみのとき，花がさいたときのどちらですか。

〔　　　　　　　　〕

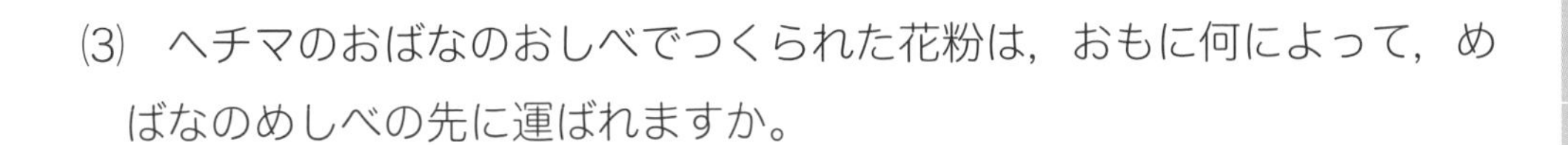

(3)　ヘチマのおばなのおしべでつくられた花粉は，おもに何によって，めばなのめしべの先に運ばれますか。

〔　　　　　　　　〕

(4)　めしべの先に花粉がつくことを何といいますか。

〔　　　　　　　　〕

2 図はアサガオの花をたてに切ったものです。花粉がつくられるのは㋐，㋑のどちらですか。また，受粉が行われるのは，㋐，㋑のどちらですか。

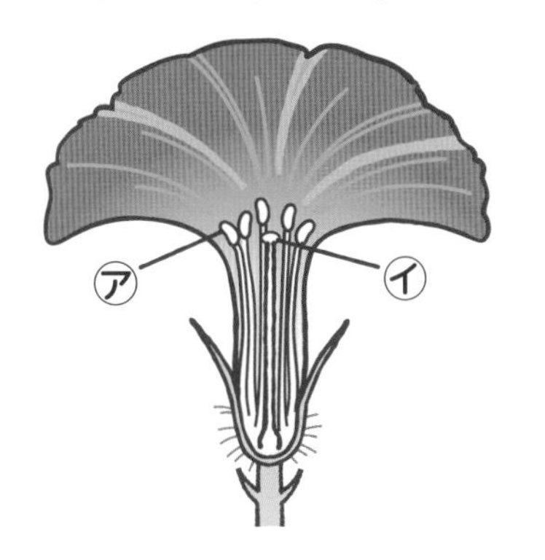

花粉がつくられるところ

〔　　　　〕

受粉が行われるところ

〔　　　　〕

できなかった問題は，復習(ふくしゅう)しよう。

学習日 月 日

16 アサガオは受粉した後どうなるの？

★アサガオの花が受粉（じゅふん）した後どうなるか，調べよう！

受粉させた花と，させない花をつくり，その後の変化のちがいを観察します。アサガオは，花がさく直前に自分で受粉するので，つぼみのうちにおしべをとります。

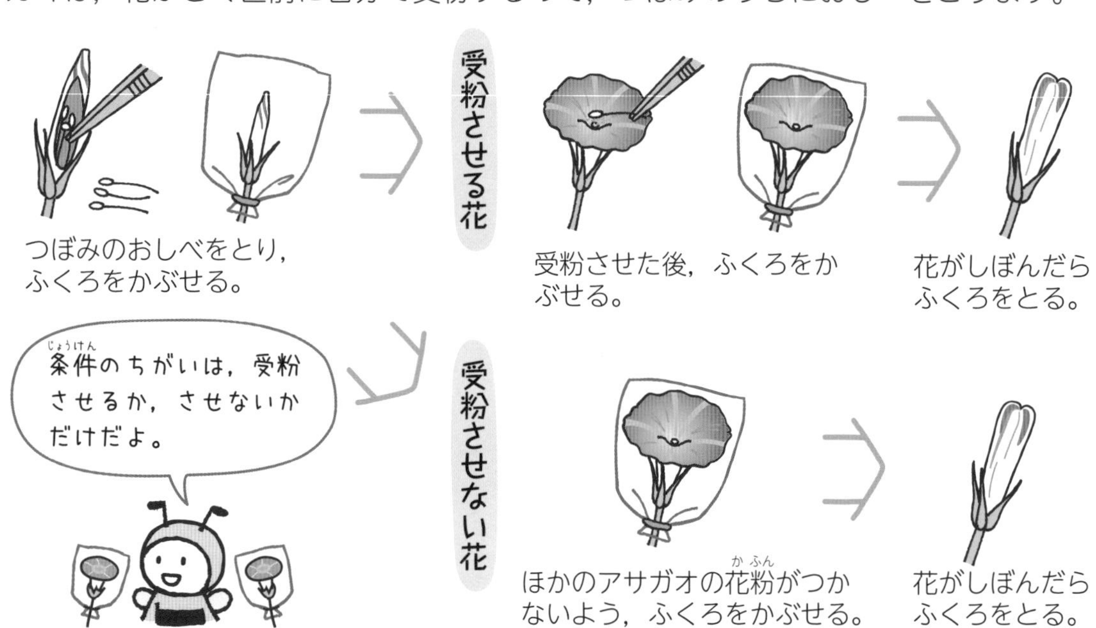

つぼみのおしべをとり，ふくろをかぶせる。

受粉させた後，ふくろをかぶせる。

花がしぼんだらふくろをとる。

ほかのアサガオの花粉（かふん）がつかないよう，ふくろをかぶせる。

花がしぼんだらふくろをとる。

★受粉した花だけが実になり，中に種子（しゅし）ができる！

受粉した花は，めしべのもとがふくらんで**実**になり，実の中に**種子**ができます。この種子が発芽（はつが）し，育っていくことで，植物は生命をつないでいきます。

受粉させた花

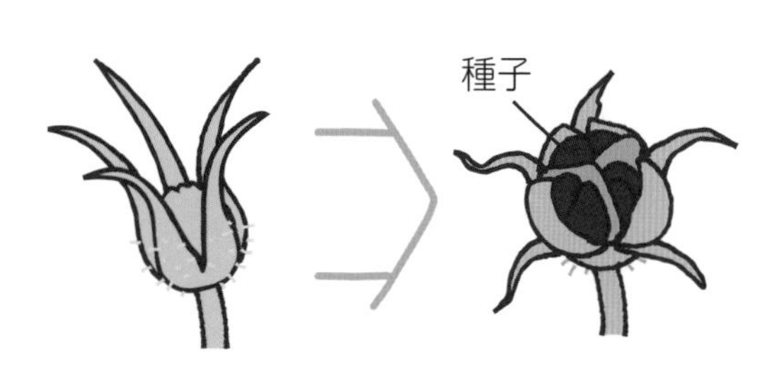

めしべのもとがふくらんで，実ができる。

種子ができる。

受粉させなかった花

かれる。

基本練習

➡ 答えは別さつ6ページ

1 次の問いに答えましょう。

(1) アサガオの花では，実ができるのは受粉した花，受粉しなかった花のどちらですか。

〔　　　　　　　　〕

(2) 受粉が行われると，実になるのはどこですか。

〔　　　　　　　　〕

(3) 実の中にできて，生命を受けついでいくはたらきをするものは何ですか。

〔　　　　　　　　〕

2 アサガオを受粉させるときと受粉させないときを比べる実験について，次の問いに答えましょう。

(1) 花が開く前にある部分をとりのぞきます。それは何ですか。

〔　　　　　　　　〕

受粉させる花

受粉させない花

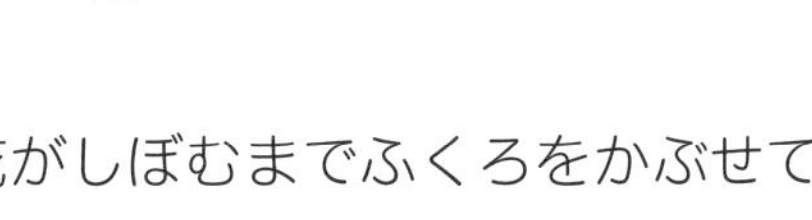

(2) 受粉させる花も受粉させない花も，花がしぼむまでふくろをかぶせておくのはなぜですか。

〔　　　　　　　　〕

できなかった問題は，復習しよう。

学習日 月 日

17 ヘチマは受粉した後どうなるの？

★ヘチマのめばなが受粉した後どうなるか，調べよう!

受粉させためばなと受粉させないめばなをつくり，その後の変化のちがいを観察します。

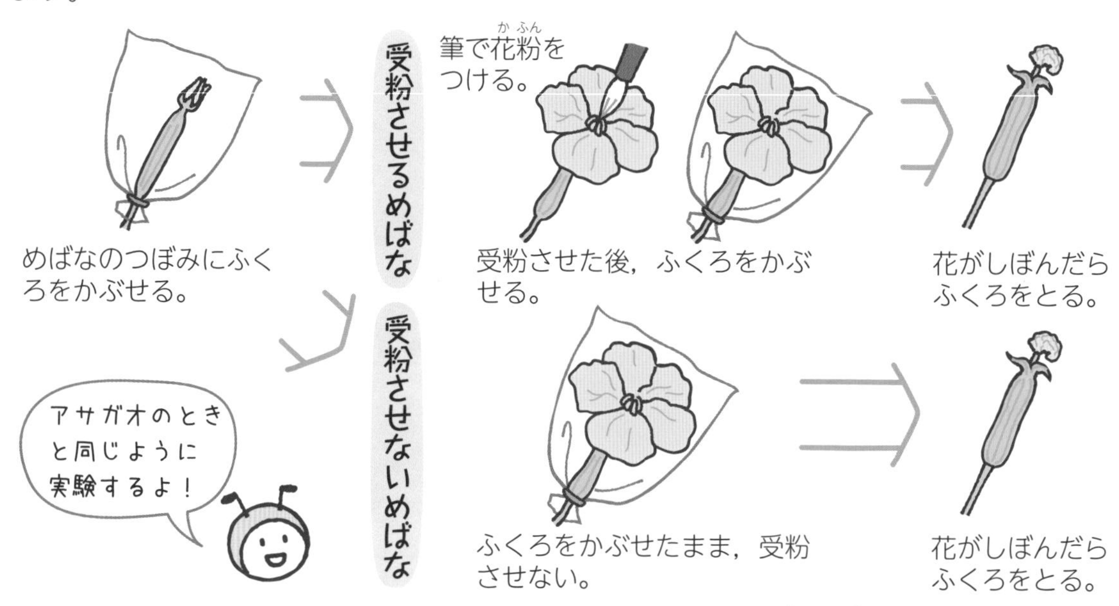

★受粉しためばなだけが実になり，中に種子ができる!

受粉しためばなは，めしべのもとがふくらんで**実**になり，実の中に**種子**ができます。受粉しなかっためばなは，そのままかれていきます。

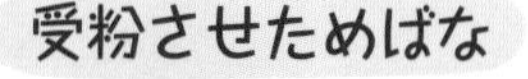

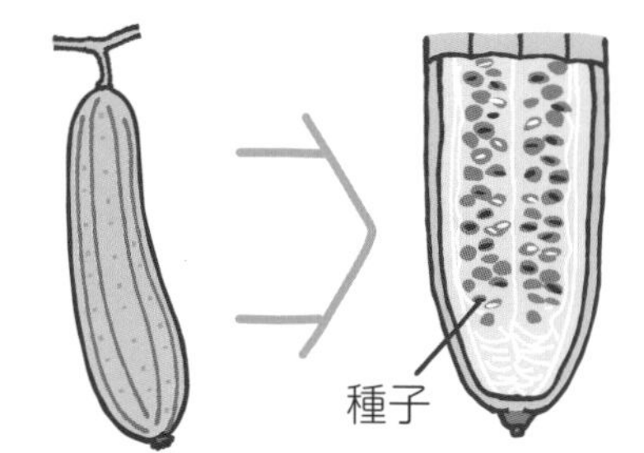

めしべのもとが成長して，実ができる。　**種子**ができる。

受粉させなかっためばな

かれて，実にならない。

めばなとおばながあるヘチマも，受粉しためばなだけが種子をつくるんだね。

基本練習

➡ 答えは別さつ7ページ

1 次の問いに答えましょう。

⑴　ヘチマが受粉した後どうなるかを調べる実験で，ふくろをかぶせるのは，おばな，めばなのどちらですか。　〔　　　　　　〕

⑵　ふくろをかぶせるのは，つぼみのときからですか，花がさいたときからですか。

〔　　　　　　〕

⑶　受粉しためばなには実ができますか，できませんか。

〔　　　　　　〕

2 図のように，ヘチマのおばなとめばなのつぼみにふくろをかぶせておくと，花が開きました。次の問いに答えましょう。

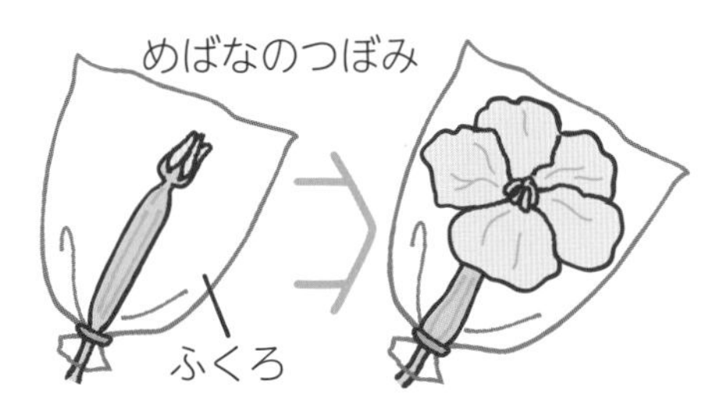

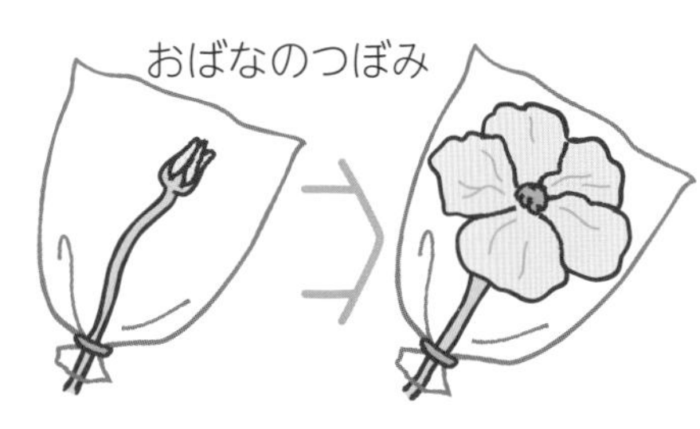

⑴　この後，実になるようにするにはどうしますか。

〔　　　　　　　　　　　　　　　　〕

⑵　実になるのは，めばなのどの部分ですか。

〔　　　　　　〕

できなかった問題は，復習（ふくしゅう）しよう。

復習テスト 4

4章 花のつくりと実や種子

1

アサガオとヘチマの花のつくりについて，あとの問いに答えましょう。

【各5点　計50点】

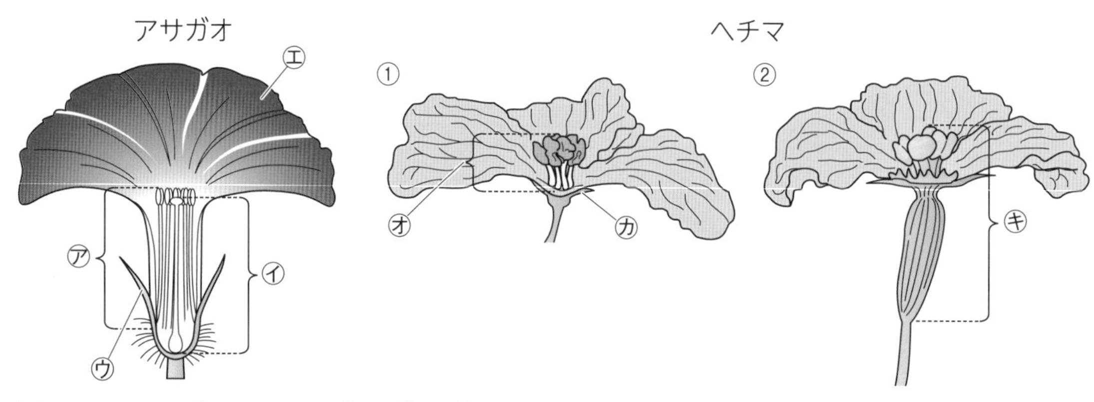

(1)　アサガオとヘチマの花の㋐～㋖の部分をそれぞれ何といいますか。

㋐［　　　　］㋑［　　　　］㋒［　　　　］㋓［　　　　］

㋔［　　　　］㋕［　　　　］㋖［　　　　］

(2)　ヘチマの花には２種類あります。①，②の花をそれぞれ何といいますか。

①［　　　　］②［　　　　］

(3)　ヘチマのように２種類の花をもつ植物はどれですか。次のア～エからすべて選びましょう。［　　　　］

ア　サクラ　　イ　アブラナ　　ウ　ツルレイシ　　エ　カボチャ

2

植物の花粉の運ばれ方について，次の問いに答えましょう。　【各6点　計18点】

(1)　花粉がめしべの先につくことを何といいますか。［　　　　］

(2)　花粉がおもに風によって運ばれる植物は，次のア～エのどれですか。２つ選び，記号で答えましょう。［　　　　］［　　　　］

ア　イネ　　イ　カボチャ　　ウ　アブラナ　　エ　トウモロコシ

答えは別さつ15ページ

学習日	得点
月　　日	／100点

3

アサガオの花を使って，花粉のはたらきを調べます。あとの問いに答えましょう。

【(1)は両方できて8点　ほかは各6点　計32点】

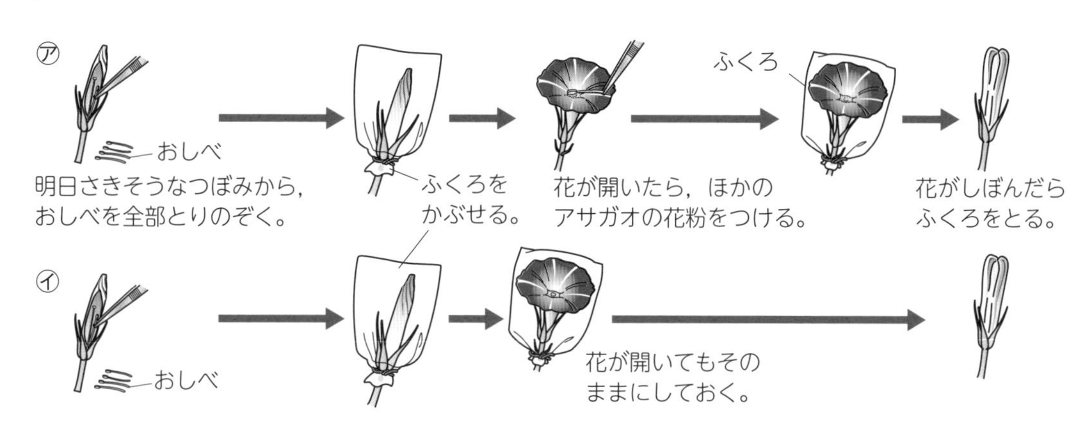

(1) 実験のはじめに㋐，㋑のアサガオのつぼみからおしべを全部とりのぞくのはなぜですか。次の文の〔　　〕にあてはまることばを答えましょう。

アサガオは花が開く直前に［　　　　　］がのびて，［　　　　　］の先に花粉がついてしまうから。

(2) ㋐，㋑の両方のつぼみに，花がしぼむまでふくろをかぶせておいたのはなぜですか。かんたんに答えましょう。

［　　　　　　　　　　　　　　　　　　　　　］

(3) 花がしぼんだ後，実ができたのは㋐，㋑のどちらの花ですか。［　　　　］

(4) アサガオのかわりに，ヘチマの花を使って実験しました。花がしぼんだ後，㋒，㋓のめしべのもとの部分はそれぞれどうなりますか。

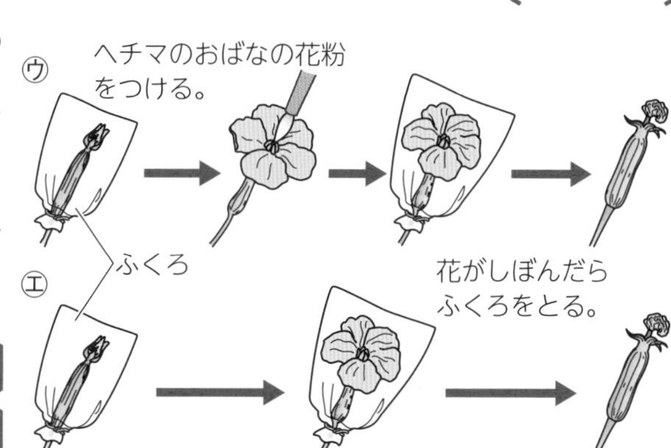

㋒［　　　　　　　　　　　］

㋓［　　　　　　　　　　　］

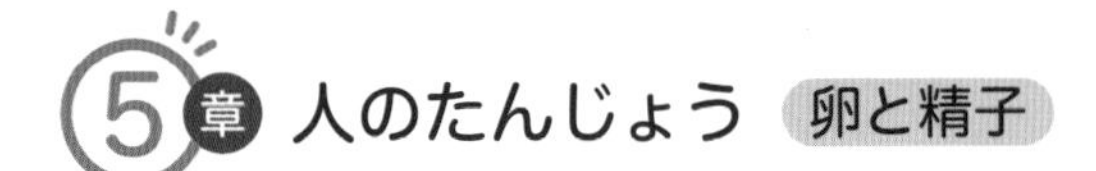

学習日　月　日

18 赤ちゃんはどのように生まれるの？

★受精卵が子宮の中で育つと，赤ちゃんが生まれる!

女性の体内でつくられた**卵**（卵子）と男性の体内でつくられた**精子**が結びつくと，卵は成長を始めます。卵と精子が結びつくことを**受精**，受精した卵を**受精卵**といいます。受精卵が女性の体内にある**子宮**の中で育つと，赤ちゃんが生まれます。

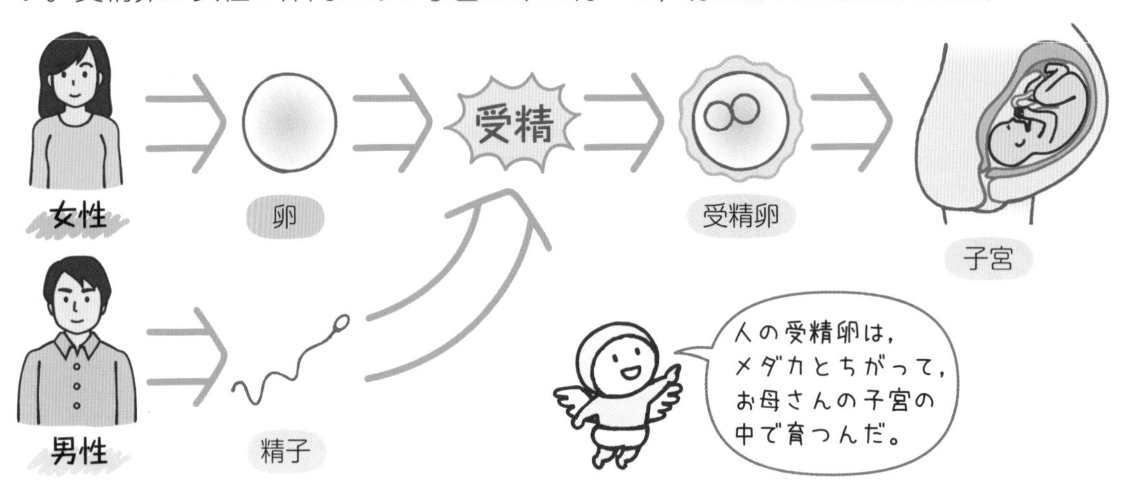

★人の卵の大きさは，1 mmの7分の1!

人の卵の直径は**約 0.14 mm** で，1 mm の 7 分の 1 くらいの大きさです。精子の長さは**約 0.06 mm** で，1 mm の 17 分の 1 くらいです。卵は動くことができませんが，精子はおを使って動きます。

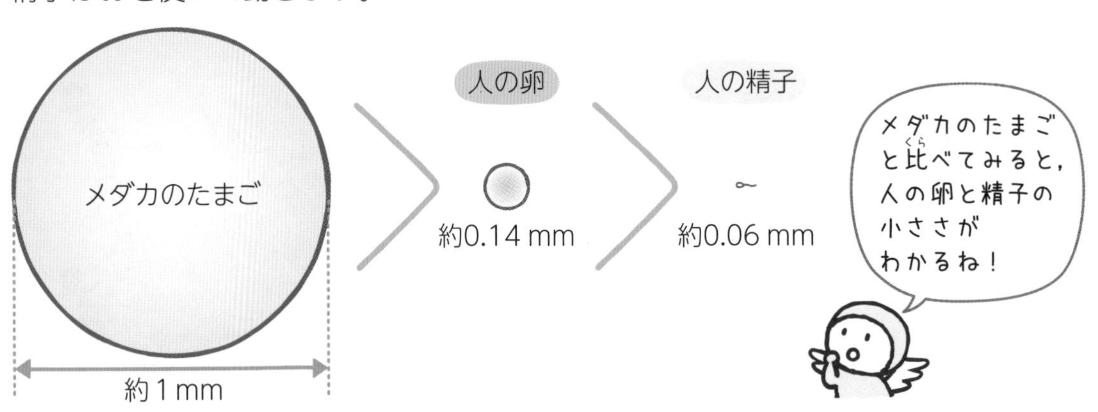

基本練習

答えは別さつ7ページ

1 次の問いに答えましょう。

⑴ 女性の体内でつくられるのは，卵，精子のどちらですか。

〔　　　　　　〕

⑵ 卵と精子が結びつくことを，何といいますか。

〔　　　　　　〕

⑶ 女性のからだの中で，赤ちゃんが育つところを何といいますか。

〔　　　　　　〕

⑷ 人の卵の直径は約 1 mm，約 0.14 mm のどちらですか。

〔　　　　　　〕

2 右の図は人の卵と精子のようすです。次の問いに答えましょう。

⑴ 卵は㋐，㋑のどちらですか。

〔　　　　　　〕

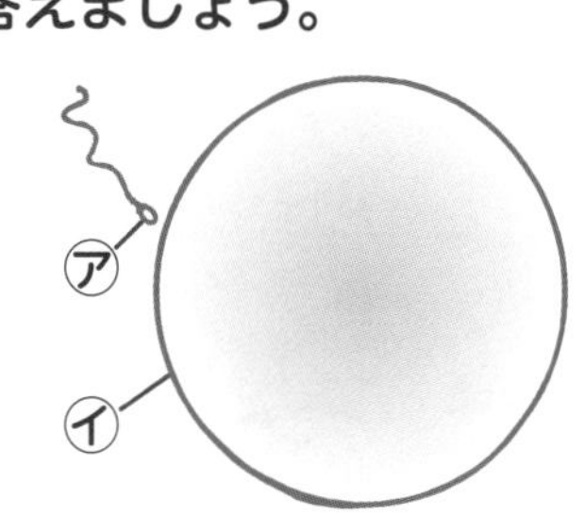

⑵ 精子と結びついた卵のことを何といいますか。

〔　　　　　　〕

できなかった問題は，復習しよう。

学習日　　月　　日

19 赤ちゃんはどのように成長するの？

★受精卵から少しずつ，からだの形ができてくる!

人の赤ちゃんも，メダカと同じように，頭と心ぞうができ，からだの形がはっきりして，からだが動き始めるという順序で育ちます。子宮の中で育っている赤ちゃんを**たい児**といいます。下の図の経過時間（週）や体重・身長はだいたいの目安です。

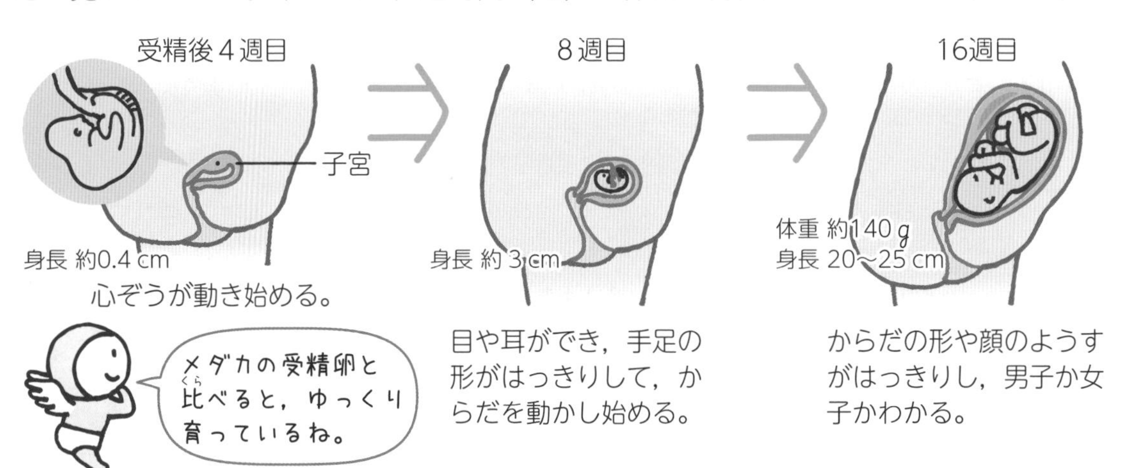

目や耳ができ，手足の形がはっきりして，からだを動かし始める。

からだの形や顔のようすがはっきりし，男子か女子かわかる。

★体重およそ3000 g，身長およそ50 cmで生まれる!

人の赤ちゃんは，受精後およそ**38週目**に，親と似たすがたで生まれます。

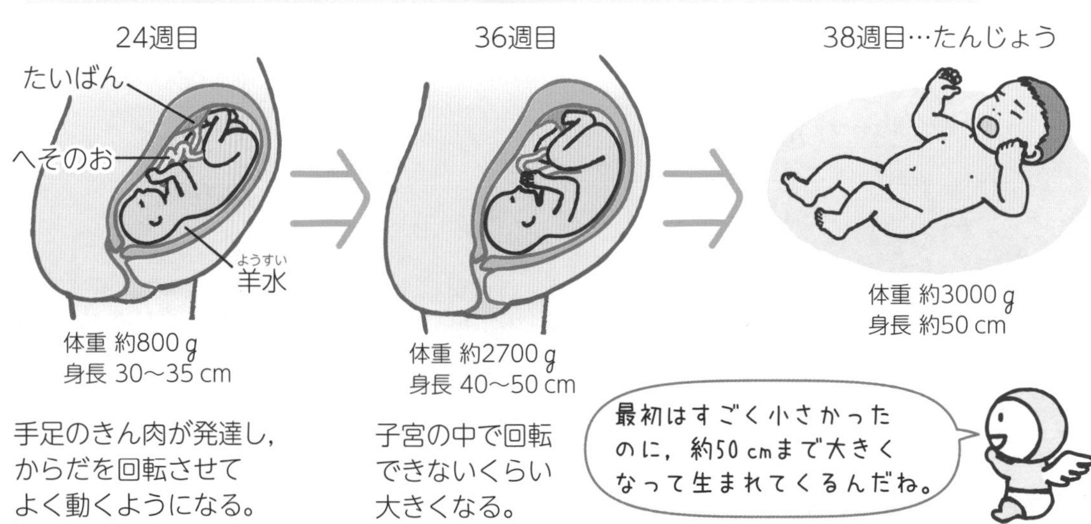

手足のきん肉が発達し，からだを回転させてよく動くようになる。

子宮の中で回転できないくらい大きくなる。

基本練習

答えは別さつ7ページ

1 次の問いに答えましょう。

(1) 子宮の中で育っている赤ちゃんを何といいますか。

[　　　　　　]

(2) 人の赤ちゃんは，受精後およそ何週間で生まれてきますか。

[　　　　　　]

(3) 生まれたばかりの赤ちゃんの体重は，およそ300 g，3000 gのどちらですか。

[　　　　　　]

2 子宮の中で育っている赤ちゃんについて，次の問いに答えましょう。

(1) 次の**ア**〜**エ**の文を，子宮の中で赤ちゃんが育つ順にならべましょう。

ア 手足の形がはっきりし，からだを動かし始める。

イ からだの形や顔のようすがはっきりする。

ウ 子宮の中で回転しなくなる。

エ 心ぞうが動き始める。

[　　→　　→　　→　　]

(2) (1)の**ウ**の時期の赤ちゃんを表した図は，**A**，**B**のどちらですか。

A

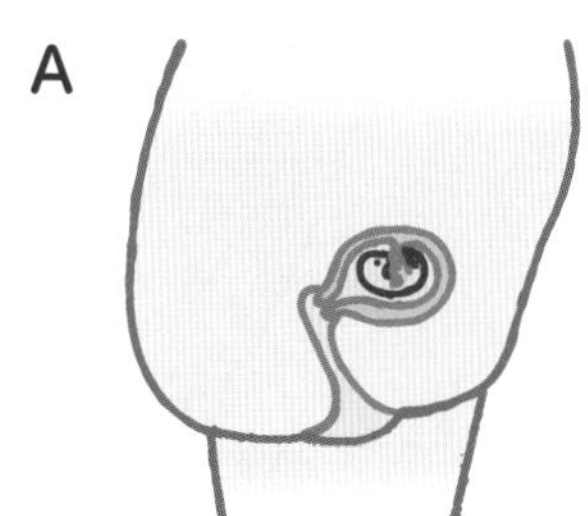

B

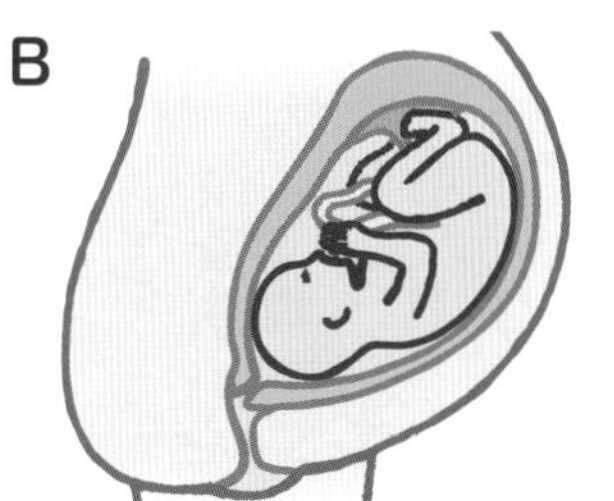

[　　　　　　]

できなかった問題は，復習（ふくしゅう）しよう。

学習日 月 日

20 子宮の中はどうなっているの?

★赤ちゃんは，たいばんとへそのおで母親とつながっている!

子宮(しきゅう)の中は，**羊水**(ようすい)という液体(えきたい)で満たされています。赤ちゃんは，子宮のかべにある**たいばん**から，**へそのお**を通じて，母親から養分などを受け取り，成長しています。

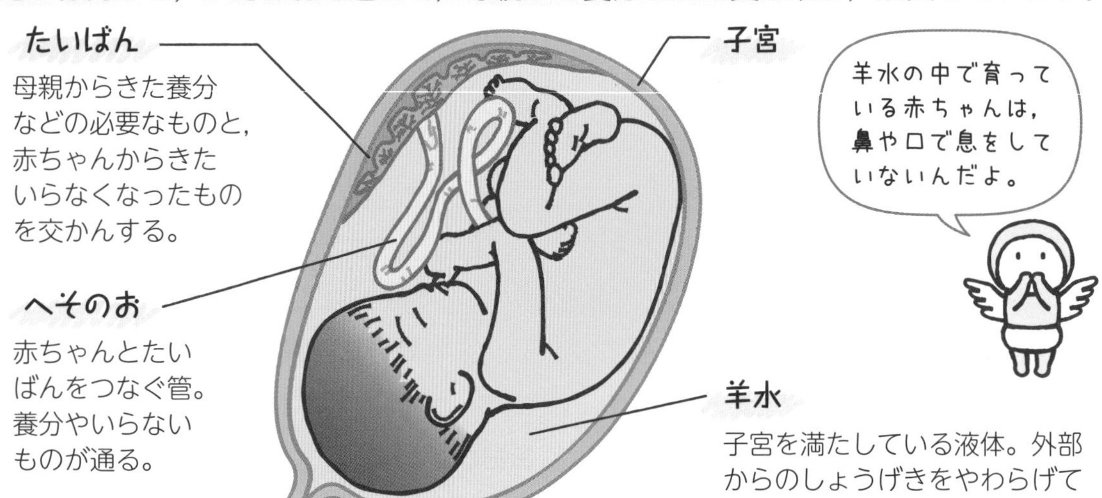

★生まれる前も後も，人の赤ちゃんは母親からの養分で育つ!

メダカはたまごの中の養分で育ちますが，人の赤ちゃんはたいばんとへそのおを通して母親から養分をもらって育ちます。生まれた後も, 人の赤ちゃんは半年以上の間, 母親の乳(ちち)を飲んで育ちます。

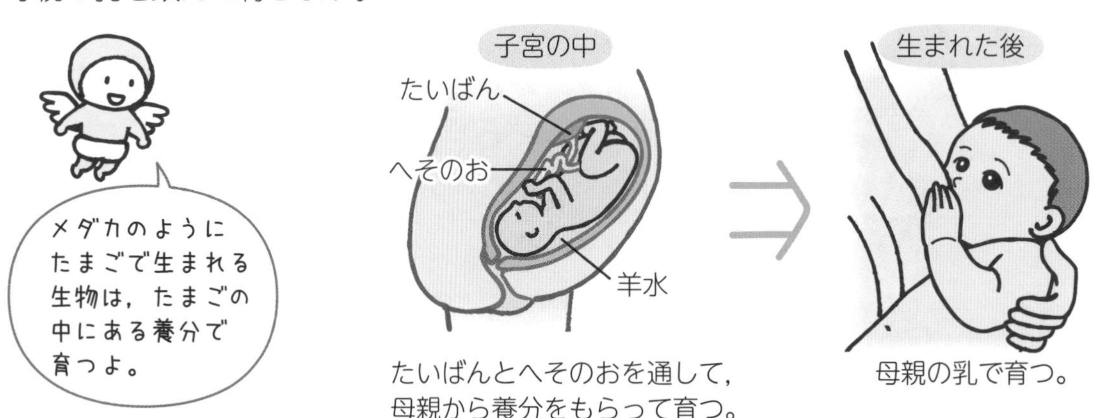

基本練習

➔ 答えは別さつ7ページ

1 次の問いに答えましょう。

(1) 子宮の中を満たしている液体のことを何といいますか。

〔　　　　　　　〕

(2) たいばんと赤ちゃんをつなぎ，養分やいらなくなったものが通る管を何といいますか。

〔　　　　　　　〕

(3) 受精卵（じゅせいらん）が母親から養分をもらって育つのは，人，メダカのどちらですか。

〔　　　　　　　〕

2 図は子宮の中の赤ちゃんのようすです。次の問いに答えましょう。

(1) **A**，**B**の部分をそれぞれ何といいますか。

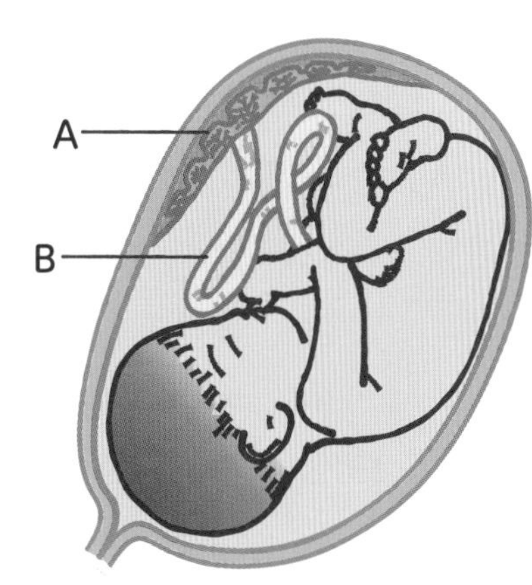

A〔　　　　　　　〕

B〔　　　　　　　〕

(2) **A**の説明として正しいものを，選びましょう。

ア 養分などの必要なものやいらなくなったものが通る管。

イ 母親からの養分などの必要なものと赤ちゃんからのいらなくなったものを交かんする。

ウ 外部からのしょうげきをやわらげて赤ちゃんを守る。

〔　　　〕

できなかった問題は，復習（ふくしゅう）しよう。

復習テスト 5

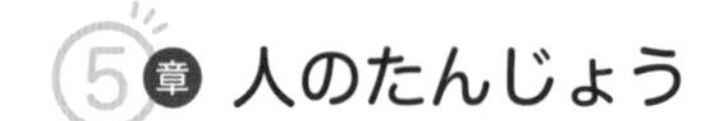

1

右の図は，人のからだの中でつくられるものです。次の問いに答えましょう。　【各7点　計35点】

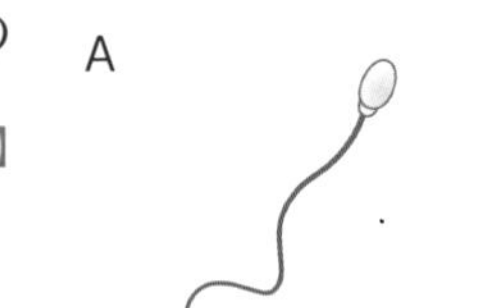

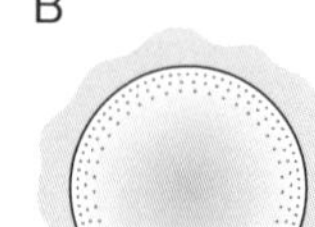

(1)　図のA，Bを何といいますか。

A［　　　　　　］　B［　　　　　　］

(2)　AとBが結びついたものを何といいますか。　［　　　　　　］

(3)　次の文は，A，Bのどちらの説明ですか。それぞれあてはまるものをすべて選び，記号で答えましょう。　A［　　　　　　］　B［　　　　　　］

ア　直径は約0.14 mmである。　　イ　活発に動き回ることができる。

ウ　女性のからだでつくられる。　　エ　男性のからだでつくられる。

2

右の図は，母親のからだの中のたい児のようすです。Aはたい児が育つところで，Aの中はDの液体で満たされています。次の問いに答えましょう。

【各6点　計30点】

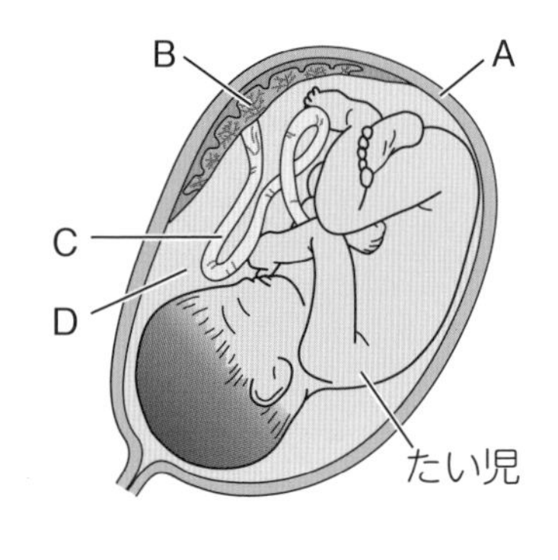

(1)　A～Dをそれぞれ何といいますか。

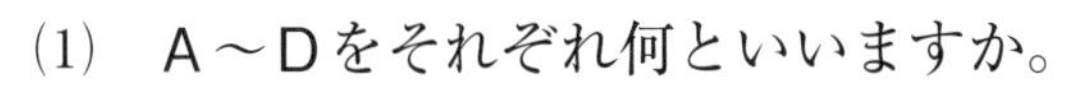

A［　　　　　　］　B［　　　　　　］

C［　　　　　　］　D［　　　　　　］

(2)　Aの中のたい児について，正しい説明を，次のア～エからすべて選びましょう。

［　　　　　　］

ア　たい児は，口や鼻で息をしている。

イ　Bの部分では，たい児がいらなくなったものと，母親からの養分などが交かんされる。

ウ　Cのひものようなものは，Bとたい児をつないでいる。

エ　たい児は，Dの液体から酸素をとり入れている。

答えは別さつ16ページ

学習日	得点
月　日	／100点

3

次の図は，母親のからだの中で成長しているいろいろな時期のたい児を表しています。あとの問いに答えましょう。

【各5点　計35点】

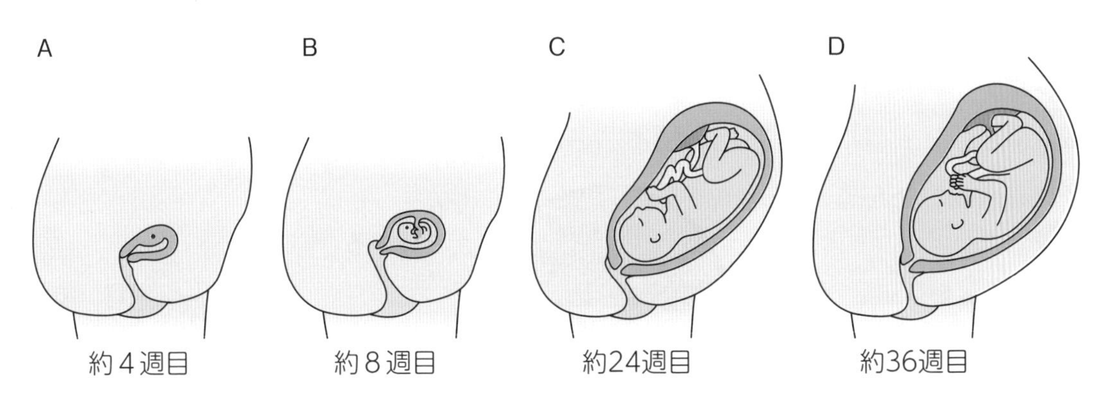

(1) 図のA～Dのそれぞれの時期のたい児について説明した文を，ア～エから選び，記号で答えましょう。

A［　　　］ B［　　　］ C［　　　］ D［　　　］

ア　からだが回転できないほど大きく成長する。

イ　手足の形がはっきりとわかるようになり，耳や目ができてくる。

ウ　手足のきん肉(にく)が発達して，からだがよく動くようになる。

エ　心ぞうができて，動き始める。

(2) 人の受精卵(じゅせいらん)は，母親のからだの中でおよそ何週間育てられますか。次のア～エから選び，記号で答えましょう。［　　　］

ア　18週間　　イ　28週間　　ウ　38週間　　エ　48週間

(3) 生まれたばかりの子どもの身長は，およそどのくらいですか。次のア～エから選び，記号で答えましょう。［　　　］

ア　30 cm　　イ　40 cm　　ウ　50 cm　　エ　60 cm

(4) 生まれたばかりの子どもの体重は，およそどのくらいですか。次のア～エから選び，記号で答えましょう。［　　　］

ア　1000 g　　イ　3000 g　　ウ　5000 g　　エ　6000 g

学習日　　月　　日

21 流れる水にはどんなはたらきがあるの？

★流れる水には，3つのはたらきがある！

流れる水には，地面をけずったり，土や石を運んだり，積もらせたりするはたらきがあります。流れる水が地面をけずるはたらきを**しん食**，土や石を運ぶはたらきを**運ぱん**，積もらせるはたらきを**たい積**といいます。

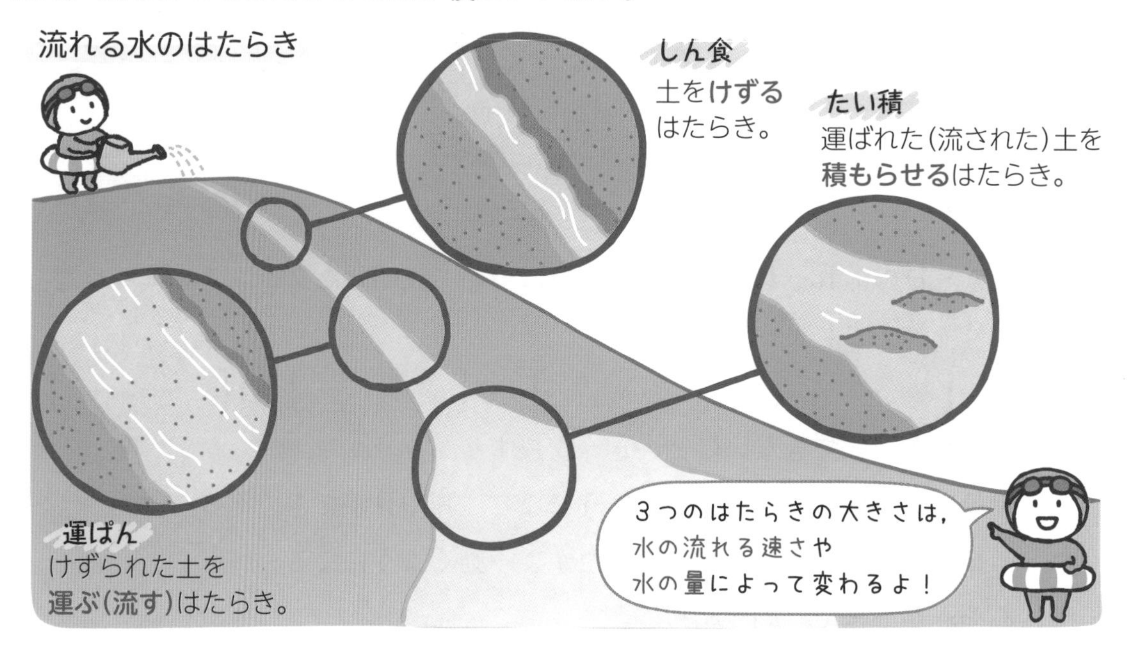

★流れる水の速さによって，水のはたらきが変わる！

流れが速いとしん食，運ぱんのはたらきが大きくなり，流れがおそいとたい積のはたらきが大きくなります。

基本練習

➔ 答えは別さつ8ページ

1 次の問いに答えましょう。

⑴　流れる水のはたらきで，地面をけずるはたらきのことを何といいますか。

〔　　　　　　〕

⑵　⑴のはたらきが大きいのは，流れの速いところ，おそいところのどちらですか。

〔　　　　　　〕

⑶　流れる水のはたらきで，けずられた土や石を運ぶはたらきのことを何といいますか。

〔　　　　　　〕

⑷　流れる水のはたらきで，運ばれた土や石を積もらせるはたらきのことを何といいますか。

〔　　　　　　〕

2 三角州（さんかくす）という地形は，海の近くに土や石がたい積してできます。図1から図2のように，河口（かこう）付近に土や石がたい積するのはどうしてですか。「速さ」ということばを使って説明しましょう。

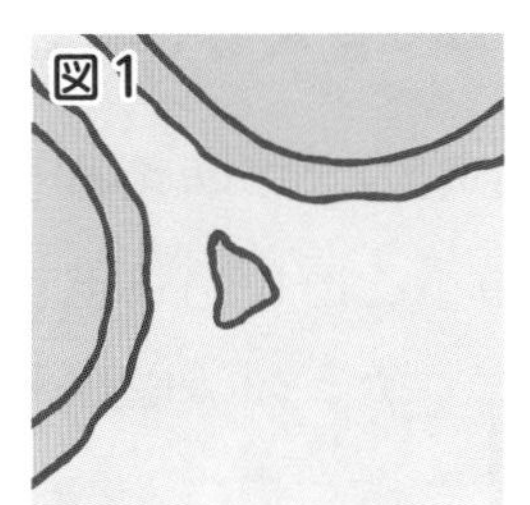

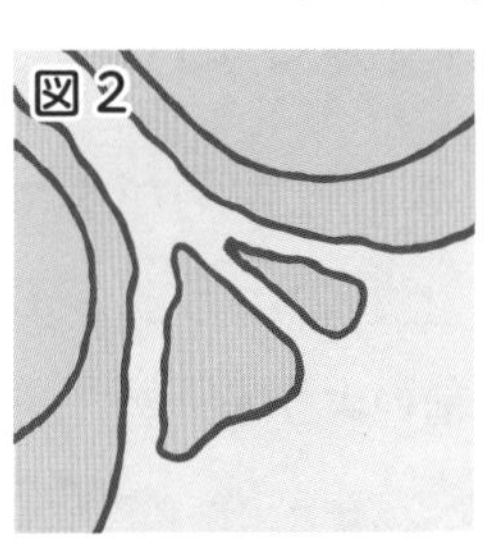

〔　　　　　　　　　　　　　　　　〕

できなかった問題は，復習（ふくしゅう）しよう。

22 流れる水が増えるとどうなるの？

★水が増えると，しん食・運ぱんのはたらきが大きくなる!

流れる水の量が増えると水の流れが速くなり，地面が大きくけずられ，運ばれる土の量が増えます。つまり，**しん食・運ぱん**のはたらきが大きくなります。

その結果，運ばれて積もる土の量も多くなります。

流れる水の量が増えると…

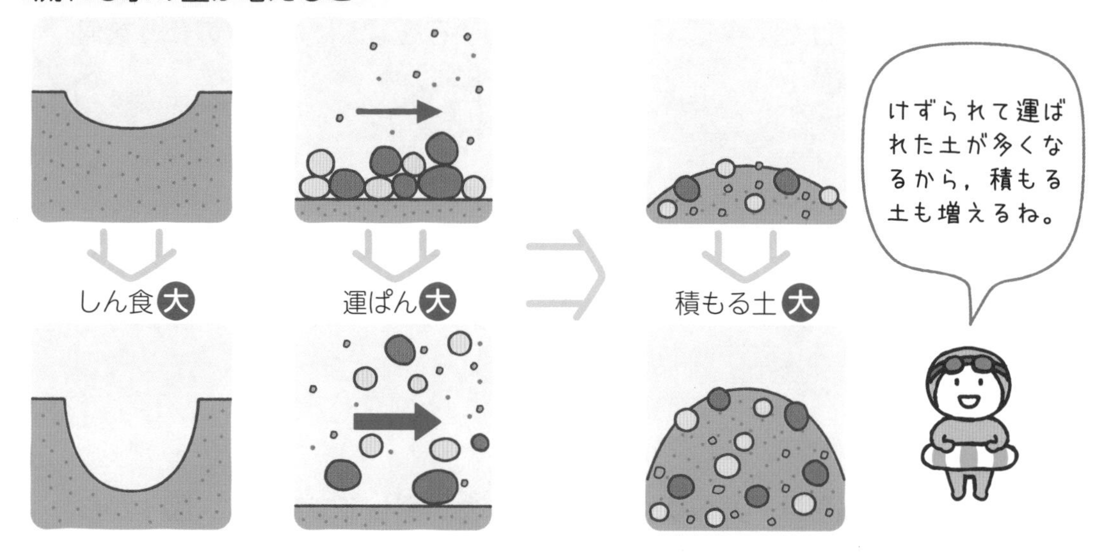

★大雨などで川の水が増えると，土地のようすが変化することがある!

台風などで大雨がふって川の水が増えると，流れる水のはたらきが大きくなり，短い間に土地のようすが変わることがあります。

©アフロ

大雨の前と後では，川原のようすが変わっているね。

基本練習

答えは別さつ8ページ

1 次の問いに答えましょう。

(1) 流れる水の量が増えると，水の流れは速くなりますか，おそくなりますか。
〔　　　　　　〕

(2) 流れる水の量が増えると，流れる水が地面をけずるはたらきは大きくなりますか，小さくなりますか。
〔　　　　　　〕

(3) 流れる水の量が増えると，流れる水が土を運ぶはたらきは大きくなりますか，小さくなりますか。
〔　　　　　　〕

(4) 流れる水の量が増えると，流れのおそいところで積もる土の量は増えますか，減りますか。
〔　　　　　　〕

2 雨がふった後に，川の水がにごっていました。この理由を，「しん食」「運ぱん」「たい積」のうちの2つの言葉を使い，説明しましょう。

〔　　　　　　　　　　　　　　　　〕

できなかった問題は，復習しよう。

23 曲がっているところではどうなるの？

★外側では土がけずられ，内側では土が積もる！

水が曲がって流れているところでは，外側は流れが速く，岸の土がけずられて運ばれます。内側は流れがおそく，岸に土が積もります。

★外側のほうが川底が深い！

川が曲がっているところでは，外側と内側で川底や岸のようすがちがいます。外側では，川底は深く，岸はがけになっています。内側では，川底は浅く，岸は川原（かわら）になっています。

基本練習

答えは別さつ8ページ

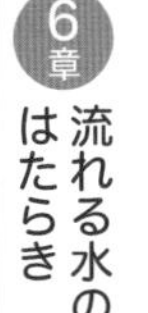

1 **次の問いに答えましょう。**

⑴　水が曲がって流れているところで，流れが速いのは，内側と外側のどちらですか。

〔　　　　　　　〕

⑵　水が曲がって流れているところで，岸の土がけずられて運ばれるのは，内側と外側のどちらですか。

〔　　　　　　　〕

⑶　水が曲がって流れているところで，岸が川原になっているのは，内側と外側のどちらですか。

〔　　　　　　　〕

⑷　水が曲がって流れているところで，川底が深いのは，内側と外側のどちらですか。

〔　　　　　　　〕

2 **水の流れが図のようになっているときに，運ばれてきた土が積もっているところはどこですか。㋐～㋓から2つ選びましょう。**

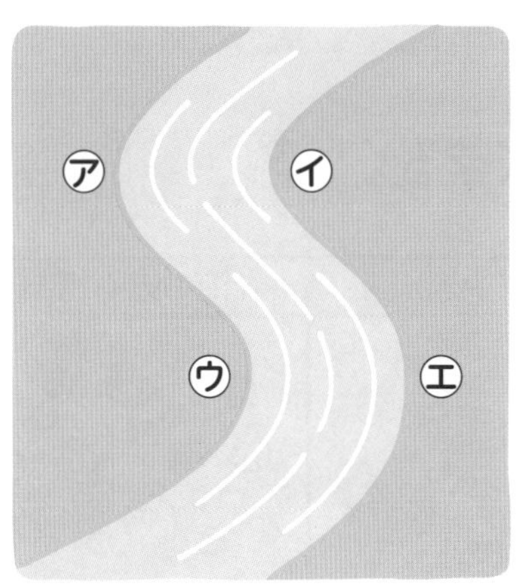

〔　　　　　　　〕

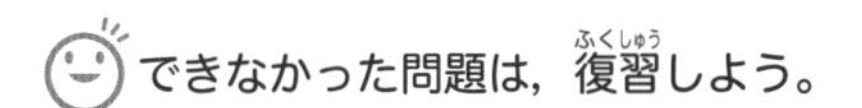
できなかった問題は，復習しよう。

24 川は山の中と海の近くで何がちがうの？

★海に近づくほど流れはおそく，川はばは広くなる！

川は，山の中から平地に流れ出て，海へ注いでいます。山の中，平地に流れ出たあたり，海の近くでは，川のようすがちがいます。

	山の中(上流)	平地(中流)	海の近く(下流)
川のようす			
土地のかたむき	急 ←――――――――――――――――――――――――――――――――→		ゆるやか
流れの速さ	速い ←――――――――――――――――――――――――――――――――→		おそい
川はば	せまい ←――――――――――――――――――――――――――――――――→		広い
岸のようす	がけが多い	がけと川原(かわら)がある	広い川原がある

山の中では土地のかたむきが大きいので，水の流れが速くなります。そのため，しん食(しょく)や運(うん)ぱんのはたらきが大きく，地面がけずられて両岸にがけができます。

海の近くでは土地のかたむきがゆるやかなので, 流れがおそくなります。そのため, たい積(せき)のはたらきが大きくなり，川原が広がります。

★海に近づくほど，岸の石は小さくまるくなる！

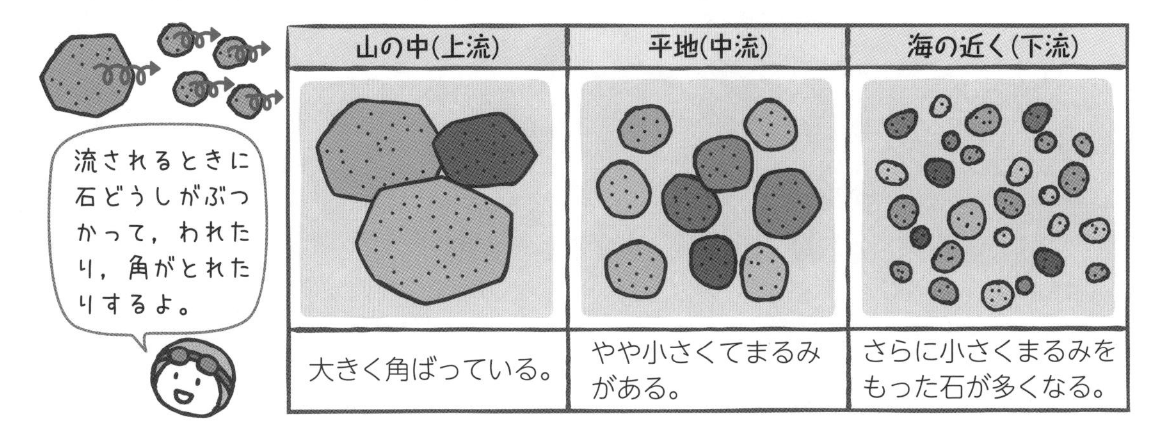

山の中(上流)	平地(中流)	海の近く(下流)
大きく角ばっている。	やや小さくてまるみがある。	さらに小さくまるみをもった石が多くなる。

基本練習

答えは別さつ8ページ

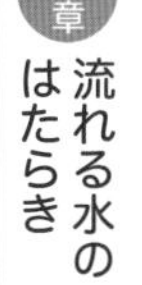

1 **次の問いに答えましょう。**

⑴　山の中，平地に出たあたり，海の近くのうち，川の流れがいちばん速いのはどこですか。

〔　　　　　　〕

⑵　山の中，平地に出たあたり，海の近くのうち，川はばがいちばん広いのはどこですか。

〔　　　　　　〕

⑶　山の中，平地に出たあたり，海の近くのうち，たい積のはたらきがいちばん大きいのはどこですか。

〔　　　　　　〕

2 **山の中と海の近くで，川岸の石の形を比べました。次の問いに答えましょう。**

山の中

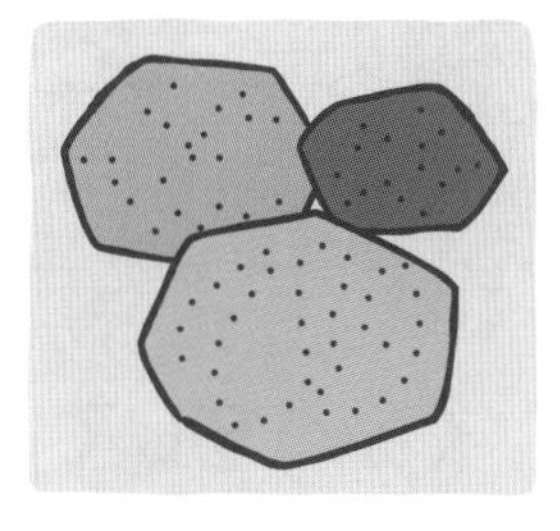

海の近く

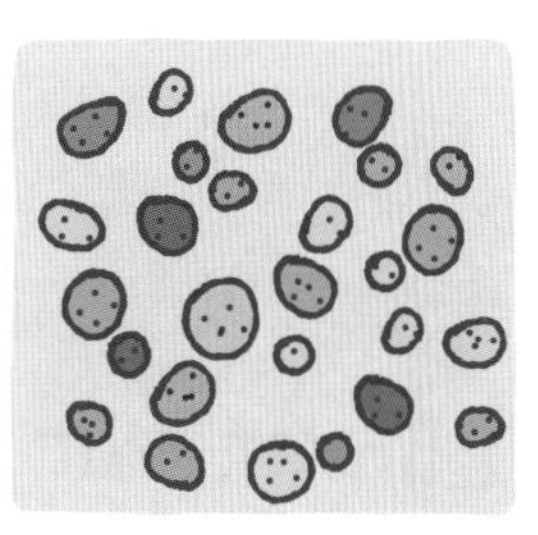

⑴　山の中と比べたとき，海の近くの石の形の特ちょうは何ですか。

〔　　　　　　〕

⑵　海の近くの石の形が⑴のような特ちょうをもつのはなぜですか。

〔　　　　　　〕

できなかった問題は，復習しよう。

25 日本はこう水が起こりやすいの？

★地形的にも気候的にも，こう水が起こりやすい！

日本は国土の４分の３が山地です。そのため，かたむきが急で流れの速い川が多くあります。また，日本では，**つゆ**があったり**台風**がきたりして，大雨がふることがあります。

大雨で川の水が増えて，川の流れが速くなると，川岸がけずられたり，ていぼうがこわされたりして，**こう水**が起こります。

★こう水を防ぐために，いろいろなくふうをしている！

山の中に**ダム**をつくったり，**遊水池**や**地下調節池**をつくったりして，川の水の量を調整し，こう水を防いでいます。また，川岸がけずられたり水があふれたりするのを防ぐため，**護岸ブロック**や**ていぼう**をつくったり，土やすなが一度に流れないように**さぼうダム**などをつくったりして，ひ害を小さくしています。

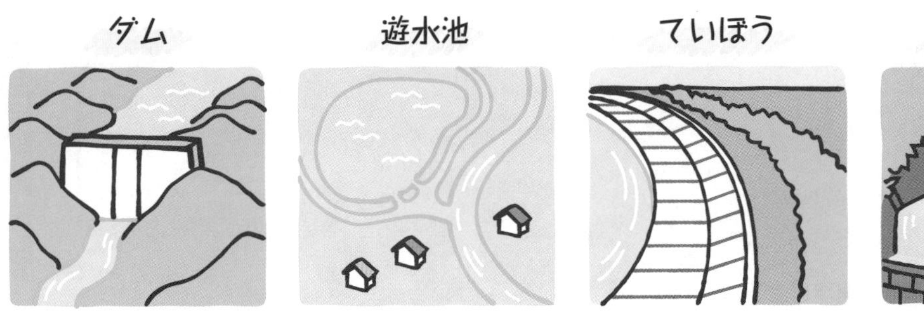

基本練習

答えは別さつ9ページ

1 次の問いに答えましょう。

(1) 日本の川は，世界のほかの国ぐにの川と比べて，流れが速いですか，おそいですか。

(2) 大雨で川の水があふれて，畑や家が水につかる災害を何といいますか。

(3) 大雨がふったときにこう水が起こらないよう，川の水の量を調節するしせつを何といいますか。ダム以外に2つ答えましょう。

(4) こう水のひ害を小さくするために，土やすなが一度に流れるのを防ぐしせつを何といいますか。

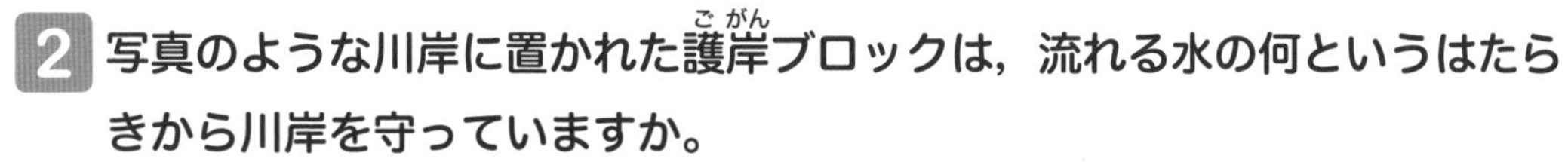

2 写真のような川岸に置かれた護岸ブロックは，流れる水の何というはたらきから川岸を守っていますか。

できなかった問題は，復習しよう。

復習テスト 6

6章 流れる水のはたらき

1

右の図のように，土の山にみぞをつくり，水を流しました。次の問いに答えましょう。【各6点　計18点】

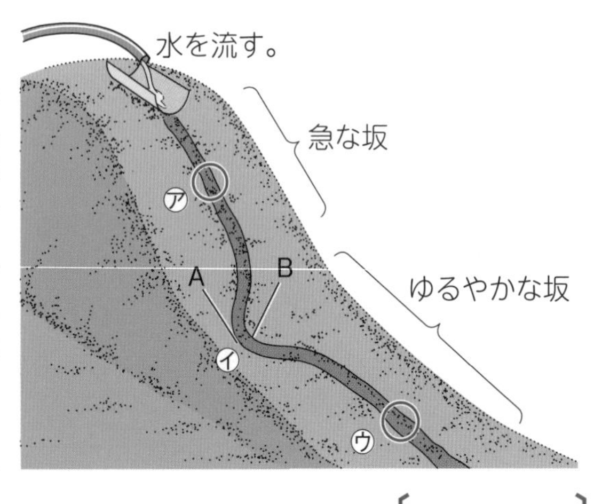

(1) 水が最も速く流れたのは，㋐～㋒のどこですか。［　　］

(2) 水を流していると，しだいにみぞが深くなっていくのは，㋐，㋒のどちらですか。［　　］

(3) ㋑のように，曲がって水が流れているところで，土のけずられ方が大きいのは，A，Bのどちら側ですか。［　　］

2

川の水のはたらきについて，次の問いに答えましょう。【各6点　計30点】

(1) 川が曲がっているところで，川底や川岸が深くけずられるのは，どんなはたらきによるものですか。次のア～ウから選びましょう。［　　］

ア　たい積　　イ　しん食　　ウ　運ぱん

(2) 大雨がふった後，川原の土や石が流されるのは，どんなはたらきによるものですか。(1)のア～ウから選びましょう。［　　］

(3) 流れる水のはたらきのうち，流れがゆるやかなところで最も大きいのは，どのはたらきですか。(1)のア～ウから選びましょう。［　　］

(4) 右の図のA，Bのような地形は，おもに川の水の何のはたらきによってできたものですか。(1)のア～ウからそれぞれ選びましょう。

A［　　］ B［　　］

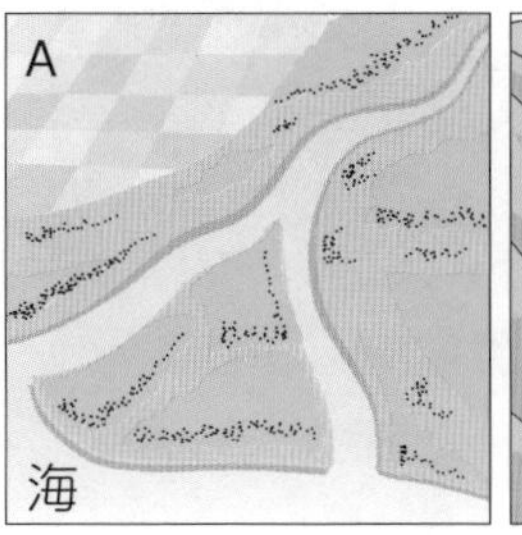

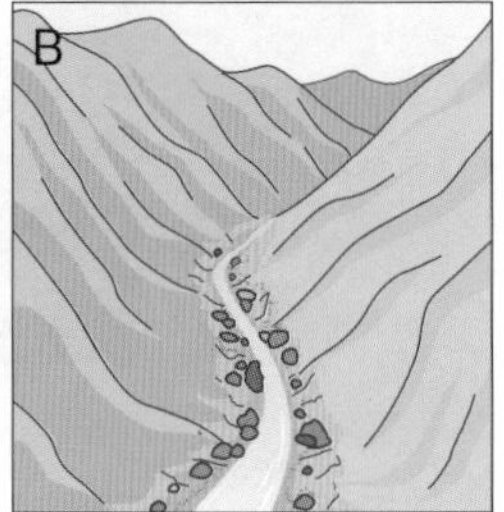

3

右の図は，山の中，海の近くの川のようすです。次の問いに答えましょう。　【各7点　計28点】

(1)　㋐は，山の中，海の近くのどちらのようすですか。　［　　　　］

(2)　川の水の流れが速いのは，㋐，㋑のどちらですか。　［　　　　］

(3)　川岸に川原が多く見られるのは，㋐，㋑のどちらですか。　［　　　　］

(4)　海の近くの川で見られる石は，次のア～ウのどれですか。　［　　　　］

ア　小さくてまるい石　　イ　大きくてまるい石　　ウ　大きくて角ばっている石

4

右の図１は，川の水が曲がって流れているようすを表しています。次の問いに答えましょう。　【各8点　計24点】

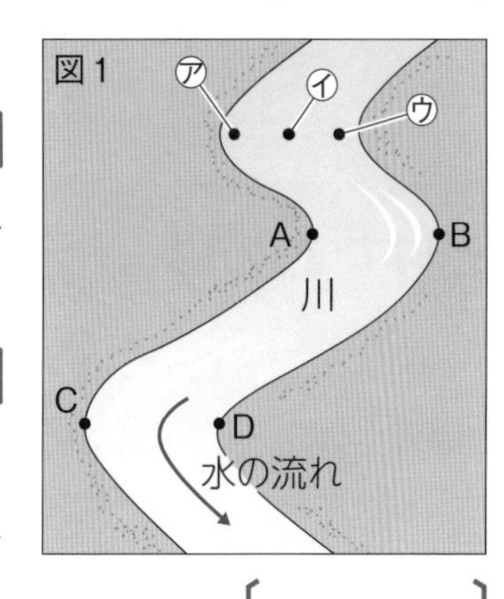

(1)　図１で，川の流れが最も速いところは，㋐～㋒のどこですか。　［　　　　］

(2)　A～Dで，川岸ががけになっているところをすべて選び，記号で答えましょう。　［　　　　］

(3)　A－Bの川の断面（だんめん）を下流から見ると，どのようになっていますか。図２のア～エから選び，記号で答えましょう。　［　　　　］

図２　ア　A　水面　B　　イ　A　B　　ウ　A　B　　エ　A　B

学習日 月 日

26 水にとけるってどういうこと?

★ものが水にとけることは，すき通った(とうめいな)液になること!

食塩やコーヒーシュガーのように，水に入れるとつぶが見えなくなり，とうめいな液になることを，**水にとける**といいます。

ものが水にとけた液を**水よう液**といいます。

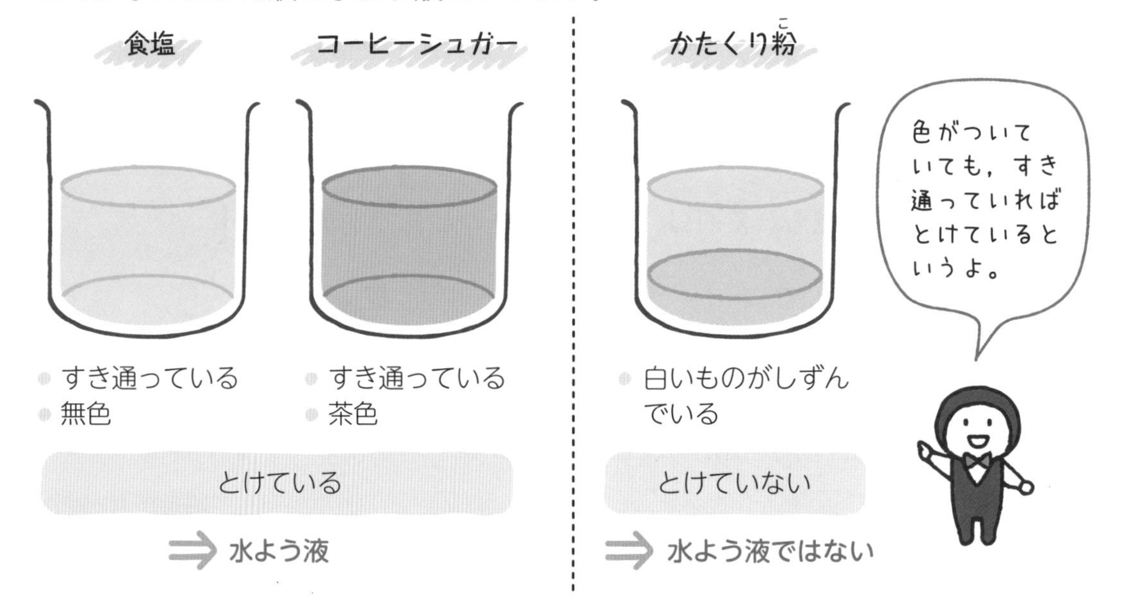

★とけたものは，液全体に一様に広がっている!

下の図は，コーヒーシュガーがとけていくようすです。水よう液の中では，とけたものは液全体に一様に広がっています。

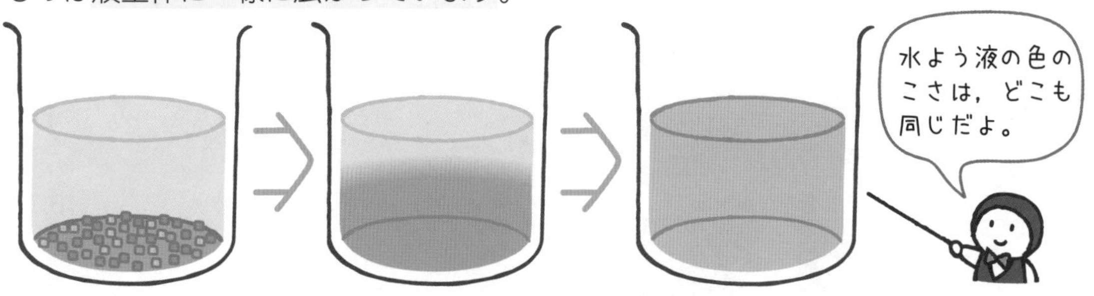

基本練習

➡ 答えは別さつ9ページ

1 次の問いに答えましょう。

⑴　コーヒーシュガーを水に入れてかき混ぜたら，茶色いとうめいな液になりました。コーヒーシュガーは水にとけていますか，とけていませんか。

〔　　　　　　　〕

⑵　⑴のとうめいな液の色のこさは，どこも同じですか，それとも場所によってちがいますか。

〔　　　　　　　〕

⑶　かたくり粉を水に入れてかき混ぜたら，白いものがしずみました。かたくり粉は水にとけていますか，とけていませんか。

〔　　　　　　　〕

⑷　ものが水にとけた液を何といいますか。

〔　　　　　　　〕

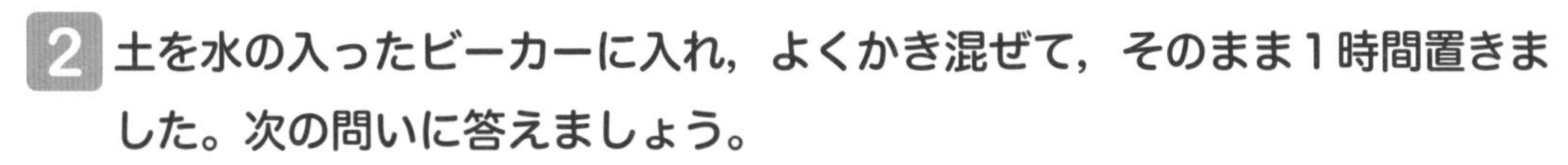

2 土を水の入ったビーカーに入れ，よくかき混ぜて，そのまま1時間置きました。次の問いに答えましょう。

⑴　土は水にとけるといえますか。

〔　　　　　　　〕

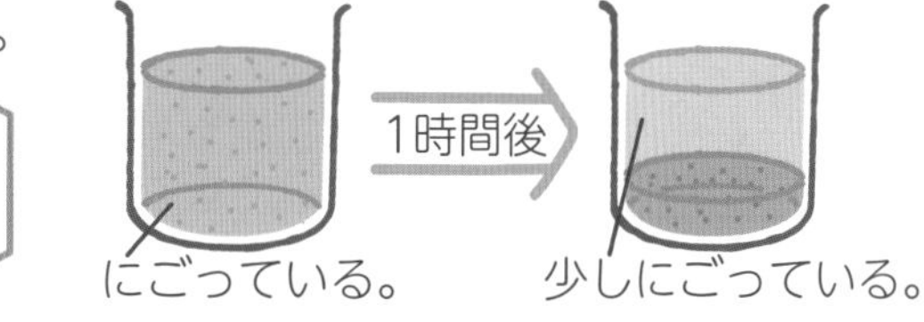

⑵　⑴で，そう考えた理由を書きましょう。

〔　　　　　　　　　　　　　　〕

できなかった問題は，復習しよう。

27 水にとけたものはどうなったの?

★とけたものは見えなくても，水よう液の中にある!

水と食塩水を1てきずつスライドガラスの上に落とし，日光が当たる場所に置いて水をじょう発させると，水からは何も出てきませんが，食塩水からは食塩が出てきます。水にとけて見えなくなっても食塩はなくなっていないことがわかります。

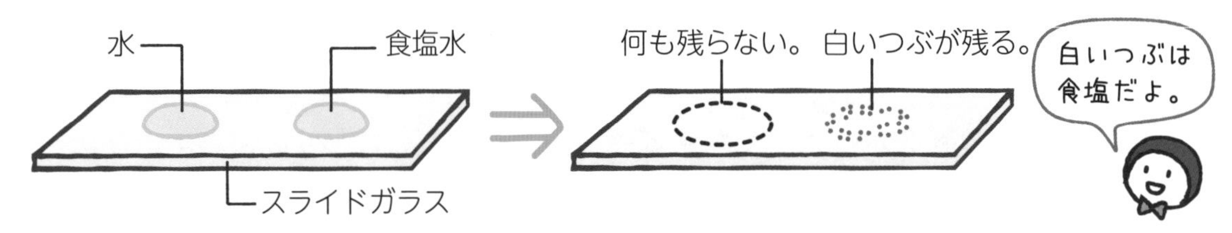

★ものの重さは，水にとけても変わらない!

ふたつきの入れ物，薬包紙をふくめた全体の重さを，電子てんびんではかります。食塩を水にとかす前と水にとかした後では全体の重さは変わりません。このように，ものは水にとけても重さが変わらないことがわかります。

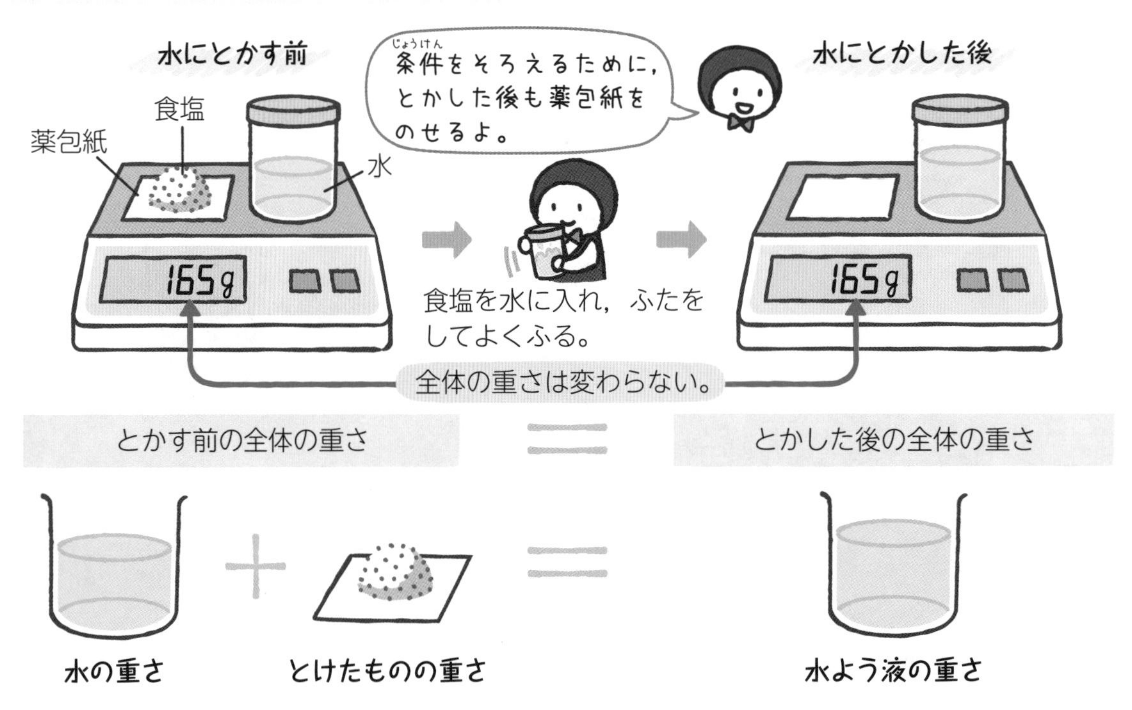

基本練習

➡ 答えは別さつ9ページ

1 次の問いに答えましょう。

(1) 食塩水を，1てきスライドガラスの上にのせ，日光の当たるところに置いて水をじょう発させると，白いつぶが出てきました。このつぶは何ですか。

〔　　　　　〕

(2) (1)のことから，食塩水の中の食塩は，なくなっていますか，水の中にありますか。

〔　　　　　〕

(3) 100 g の水に 50 g のさとうをとかしてさとう水を作りました。さとう水の重さは何 g ですか。

〔　　　　　〕

2 食塩をとかす前ととかした後の全体の重さを比(くら)べる実験をしました。次の問いに答えましょう。

(1) 食塩をとかす前の全体の重さを，**図**のように電子てんびんではかりました。食塩をとかした後の重さのはかり方として正しいのは㋐，㋑のどちらですか。

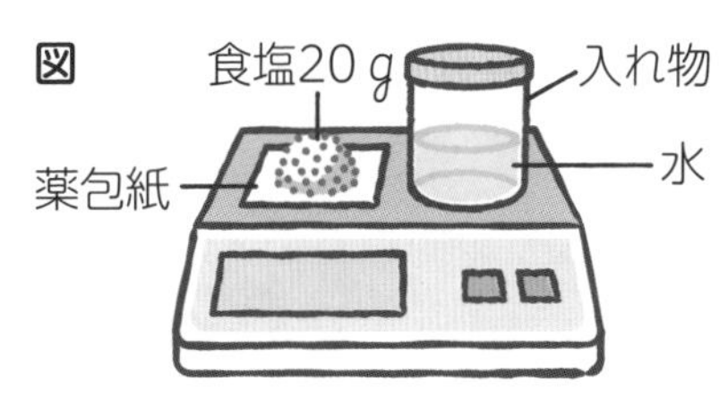

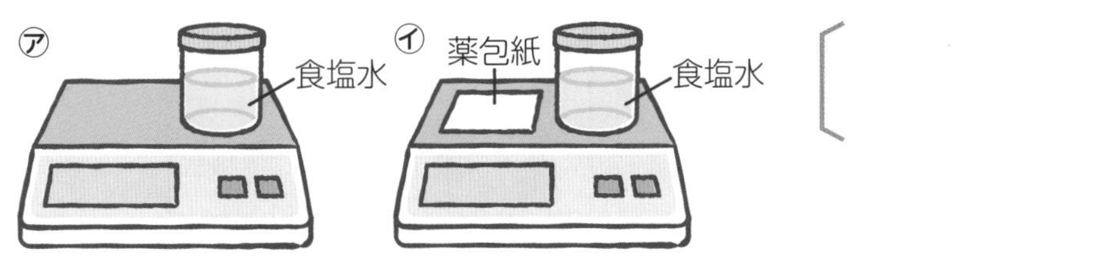

〔　　　　　〕

(2) **図**で，全体の重さは 145 g でした。食塩を水にとかした後の全体の重さは何 g ですか。

〔　　　　　〕

できなかった問題は，復習(ふくしゅう)しよう。

28 水の量が増えるとどうなるの？

★ものが水にとける量には限り(かぎ)がある！

決まった量の水にとけるものの量には限りがあります。ものによって，水にとける量はちがいます。

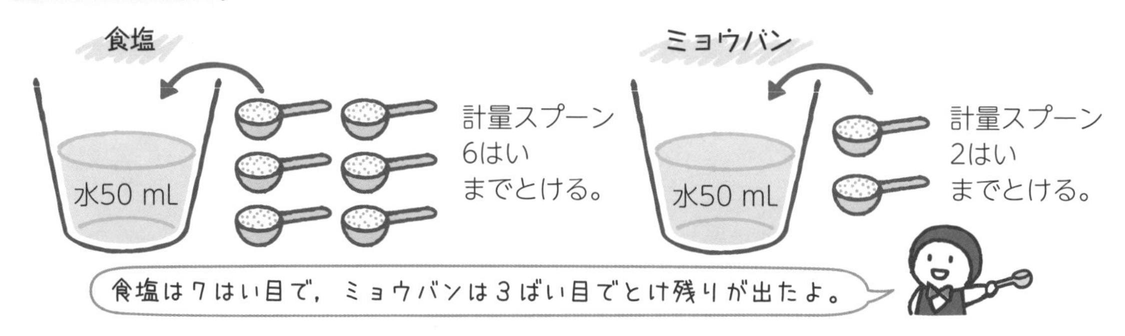

★水の量が増(ふ)えると，水にとけるものの量も増える！

水の量を増やすと，水にとけるものの量も増えます。水の量を**2倍**にすると，水にとけるものの量も**2倍**になります。

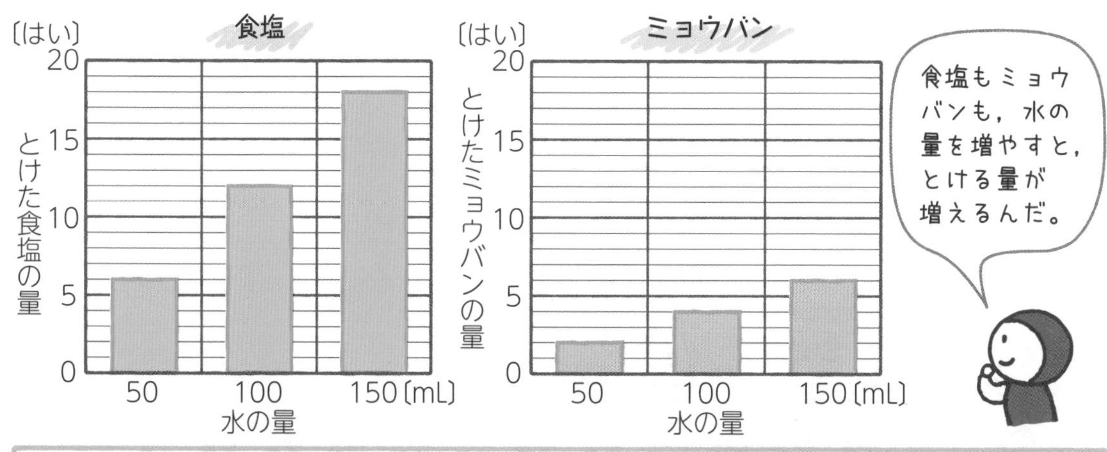

メスシリンダーの使い方

①メスシリンダーを水平なところに置く。
②はかりたい量の目もりより，少し下まで液(えき)を入れる。
③真横から見ながら，液面のへこんだところと目もり線が重なるまで，スポイトで液を入れる。

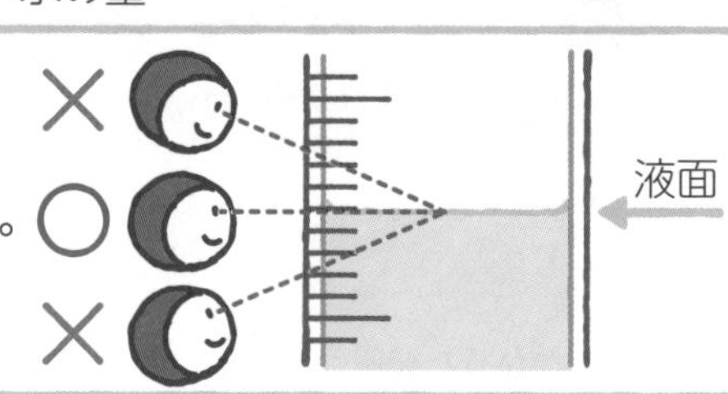

基本練習

答えは別さつ9ページ

1 次の問いに答えましょう。

⑴ 決まった量の水にものをとかすとき，とけるものの量には限りがありますか，ありませんか。

〔　　　　　　　　〕

⑵ 50 mL の水に食塩とミョウバンをできるだけ多くとかすとき，とける食塩とミョウバンの量は同じですか，ちがいますか。

〔　　　　　　　　〕

⑶ 100 mL の水にとける食塩の量は，50 mL の水にとける食塩の量の何倍ですか。

〔　　　　　　　　〕

⑷ 100 mL の水にミョウバンが計量スプーンで4はいとけました。200 mL の水には何ばいとけますか。

〔　　　　　　　　〕

2 メスシリンダーの使い方について，次の問いに答えましょう。

⑴ 目もりを読むときの目の位置は㋐〜㋒のどれですか。

〔　　　　　　　　〕

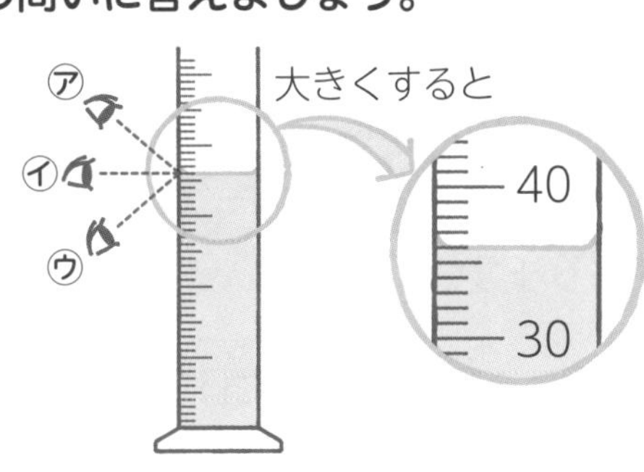

⑵ メスシリンダーに入れた水の量は何 mL ですか。

〔　　　　　　　　〕

できなかった問題は，復習（ふくしゅう）しよう。

学習日 月 日

29 水の温度が上がるとどうなるの？

★とける量の変化のしかたは，とかすものによってちがう！

水の温度を上げると，**ミョウバン**はとける量が増(ふ)えます。**食塩**は，水の温度を上げても，とける量はほとんど変化しません。このように，水の温度を変化させたときのとける量の変化のしかたは，とかすものによってちがいます。

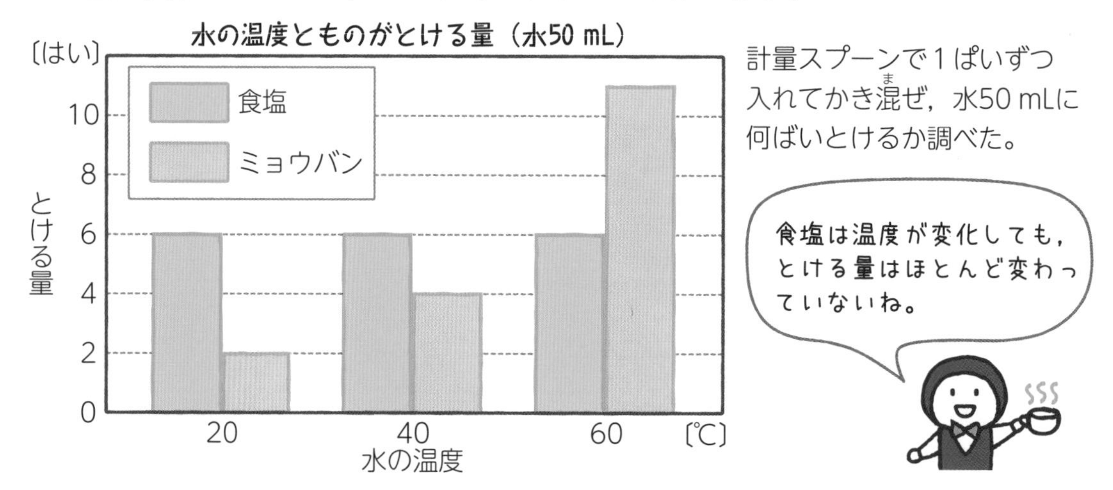

★水にとけるものの量は，水の量と温度で決まっている！

水の量と**水の温度**によって，もののとける量が決まっています。

もののとける量を増やすには，水の量を増やす，水の温度を上げるという２つの方法があります。

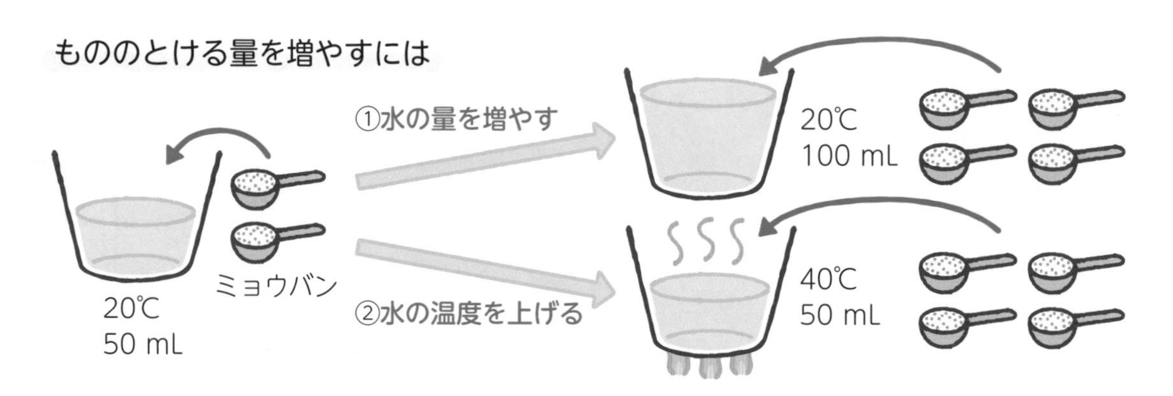

基本練習

答えは別さつ10ページ

1 次の問いに答えましょう。

(1) 水の温度を上げると，食塩のとける量は増えますか，ほとんど変化しませんか。

〔　　　〕

(2) 水の温度を上げると，ミョウバンのとける量は増えますか，ほとんど変化しませんか。

〔　　　〕

2 20℃，40℃，60℃の水 50 mL に，食塩とミョウバンがそれぞれ計量スプーンで何ばいとけるかを調べて，グラフに表しました。次の問いに答えましょう。

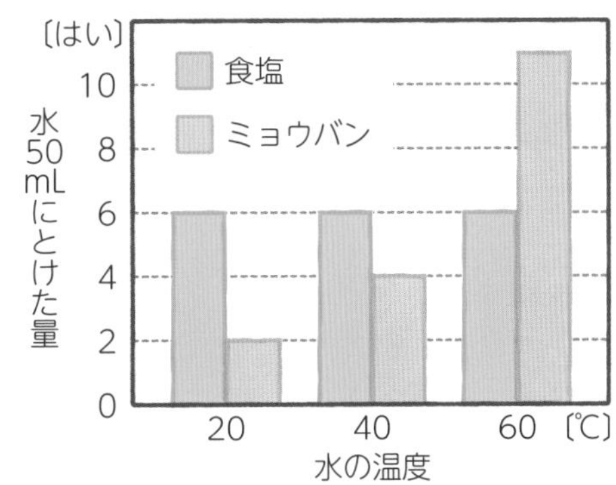

(1) 20℃の水には，食塩とミョウバンのどちらが多くとけますか。

〔　　　〕

(2) 60℃の水 50 mL にミョウバンを計量スプーンで 10 ぱい入れてよくかき混(ま)ぜるとどうなりますか。次の**ア**，**イ**から選びましょう。

〔　　　〕

ア　とけ残りが出る。

イ　全部とける。

(3) 40℃の水 50 mL にミョウバンを計量スプーンで 8 ぱい入れると，とけ残りました。とけ残ったミョウバンをとかすには，水の量を増やす以外にどのような方法がありますか。

〔　　　〕

できなかった問題は，復習(ふくしゅう)しよう。

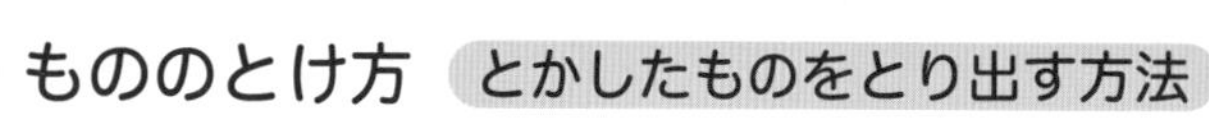

30 とけたものはとり出せないの？

★ミョウバンは，水よう液を冷やすととり出せる！

60℃の水にミョウバンをたくさんとかした水よう液を冷やすと，とけていたミョウバンが出てきます。出てきたミョウバンは，**ろ過**でとり出せます。

このように，水よう液を冷やすと，とけたものをとり出せます。しかし，食塩は温度を変化させてもとける量がほとんど変わらないので，冷やしてもほとんどとり出せません。

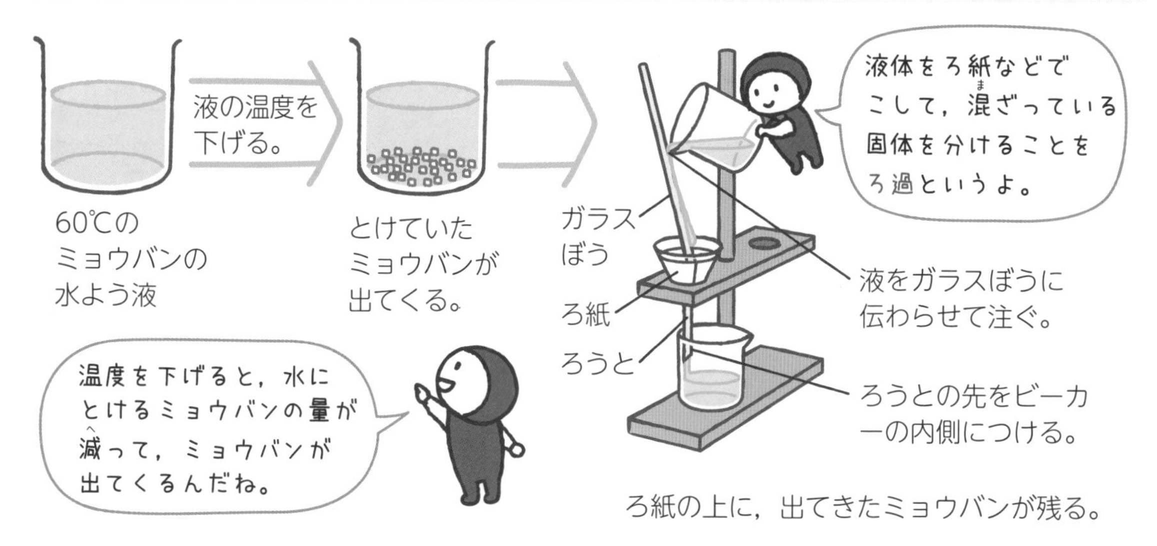

ろ紙の上に，出てきたミョウバンが残る。

★食塩は，水をじょう発させるととり出せる！

食塩水を加熱して水をじょう発させると，食塩が出てきます。

このように，水よう液から水をじょう発させることによっても，とけたものをとり出せます。

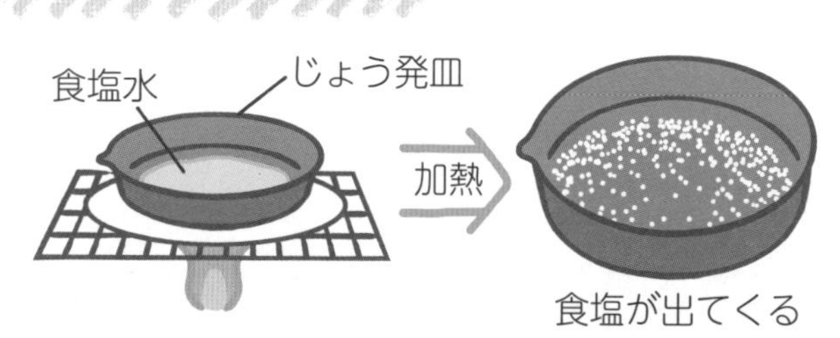

	ミョウバン	食塩
水よう液の温度を下げる	○ ミョウバンのつぶが出てくる	× 食塩のつぶは出てこない
水をじょう発させる	○ ミョウバンのつぶが出てくる	○ 食塩のつぶが出てくる

基本練習

答えは別さつ10ページ

1 次の問いに答えましょう。

⑴　ミョウバンのとけた水よう液からミョウバンをとり出すには，水よう液の温度を上げますか，下げますか。

〔　　　　　　　　〕

⑵　ミョウバンの水よう液にミョウバンのつぶが混ざった液をろ紙でこして，ミョウバンのつぶをとり出します。このそうさを何といいますか。

〔　　　　　　　　〕

⑶　食塩水から食塩をとり出すには，食塩水の温度を下げますか，水をじょう発させますか。

〔　　　　　　　　〕

2 下の図のように，温度のちがう同じ量の水に，それぞれミョウバンをとけるだけとかしました。次の問いに答えましょう。

⑴　水よう液を20℃まで冷やしたとき，ミョウバンがたくさん出てくるのは，㋐，㋑のどちらですか。〔　　　　〕

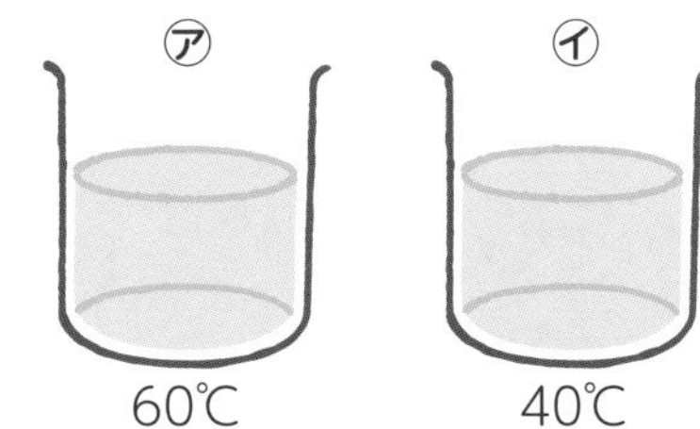

⑵　出てきたミョウバンを，右の図のようにろ紙を使ってとり出しました。図にはまちがっているところがあります。どのように直せばよいか書きましょう。

〔　　　　　　　　〕

できなかった問題は，復習(ふくしゅう)しよう。

復習テスト 7

1

コーヒーシュガー30 gを水にとかしました。次の問いに答えましょう。

【各8点　計24点】

(1)　Bの液のように，ものが水にとけた液を何といいますか。　［　　　　］

(2)　図のBのうすい茶色の液のようすは，次のア，イのどちらですか。　［　　　　］

ア　とうめいである。

イ　にごっている。

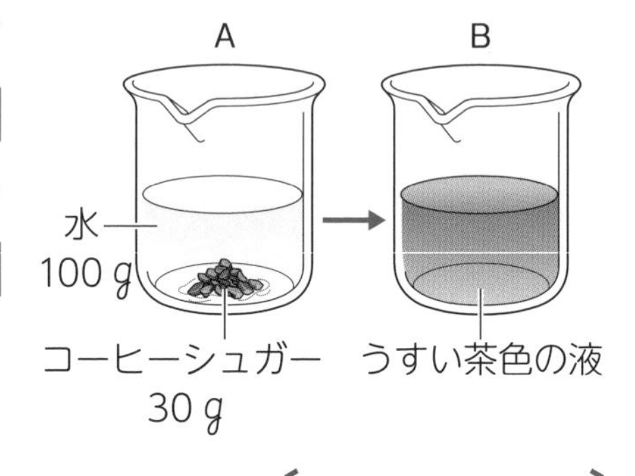

(3)　Bのうすい茶色の液の重さは何gですか。　［　　　　］

2

40℃の水A～Cに，ミョウバンをそれぞれ10 gずつ加えてよくかき混ぜると，すべてとけ残りが出ました。次の問いに答えましょう。

【各8点　計24点】

(1)　とけ残りが最も多いのは，A～Cのどれですか。　［　　　　］

(2)　Cの水にとけているミョウバンの量は，Aにとけているミョウバンの量の何倍ですか。　［　　　　］

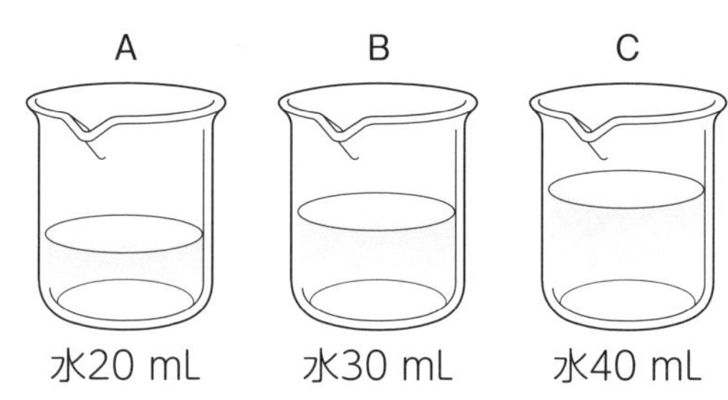

(3)　とけ残ったミョウバンをすべてとかすには，どのようにしますか。次のア～オから2つ選び，記号で答えましょう。　［　　　　］

ア　液をあたためる。

イ　液を冷やす。

ウ　水を加える。

エ　しばらく時間をおく。

オ　かき混ぜる。

答えは別さつ17ページ

学習日　月　日　得点　／100点

3

右の図は，温度のちがう水50 mLにとけるホウ酸(さん)，ミョウバン，食塩の量を表しています。次の①～③で，とけ残りが出るものには△，すべてとけるものには○を書きましょう。【各8点　計24点】

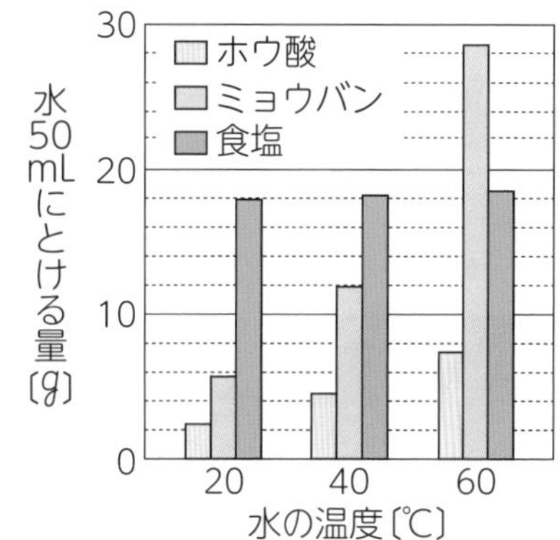

① 20℃の水50 mLにミョウバンを5 g加えたとき。〔　　〕

② 40℃の水50 mLに食塩を25 g加えたとき。〔　　〕

③ 60℃の水100 mLにホウ酸を10 g加えたとき。〔　　〕

4

50℃の水50 mLに，食塩とホウ酸をとけるだけとかした水(すい)よう液(えき)A，Bがあります。表を見て，次の問いに答えましょう。【(3)は12点　ほかは各8点　計28点】

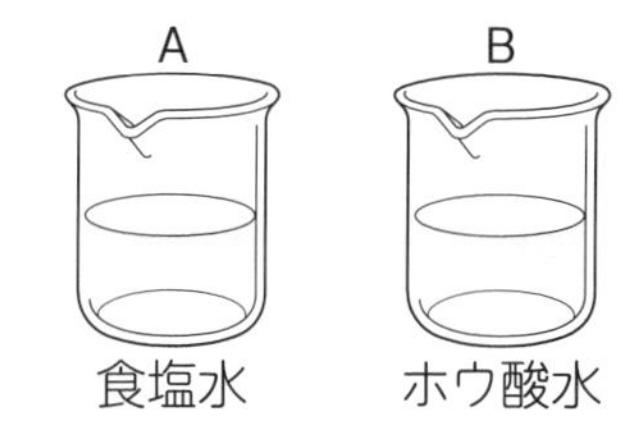

(1) A，Bの水よう液では，どちらが重いですか。記号で答えましょう。〔　　〕

(水 50 mL にとけるものの量)

水の温度〔℃〕	10	20	30	40	50
食塩のとける量〔g〕	17.9	17.9	18.0	18.2	18.3
ホウ酸のとける量〔g〕	1.8	2.4	3.4	4.4	5.7

(2) A，Bの水よう液の温度を20℃まで冷やすと，出てくる食塩とホウ酸の量はどうなりますか。次のア～ウから選び，記号で答えましょう。〔　　〕

ア　食塩のほうが多い。　イ　ホウ酸のほうが多い。

ウ　食塩とホウ酸の量はほぼ同じ。

(3) 水にとけている食塩をすべてとり出すには，どうしたらよいですか。

〔　　　　〕

31 電磁石と磁石はどうちがうの？

★コイルに鉄心を入れて電流を流すと，磁石になる！

導線（エナメル線）を同じ向きに何回もまいたものを**コイル**といいます。

コイルに鉄心を入れて電流を流すと，鉄心が鉄を引きつけ，磁石のはたらきをするようになります。これを**電磁石**といいます。

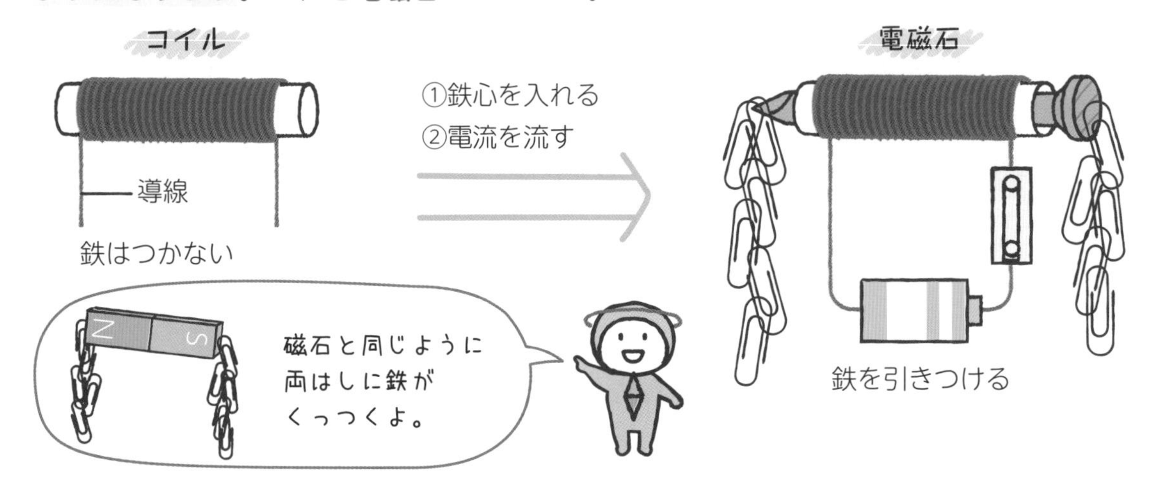

★電磁石は電流を流しているときだけ，磁石になる！

電磁石は，電流が流れているときだけ磁石のはたらきをします。これが，磁石と電磁石のちがいです。

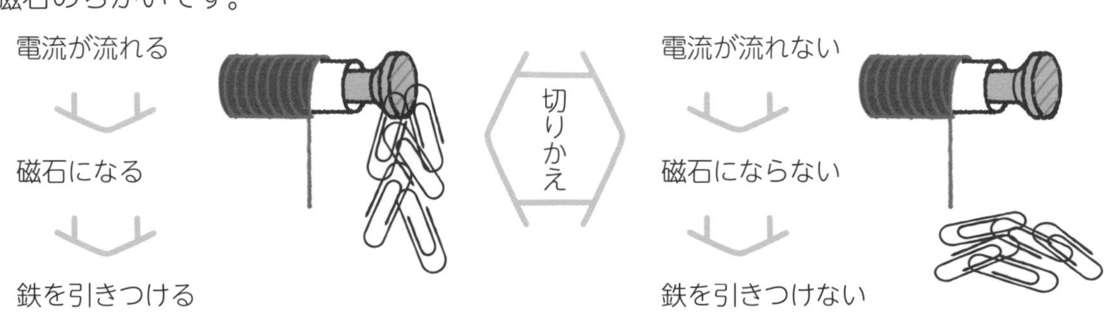

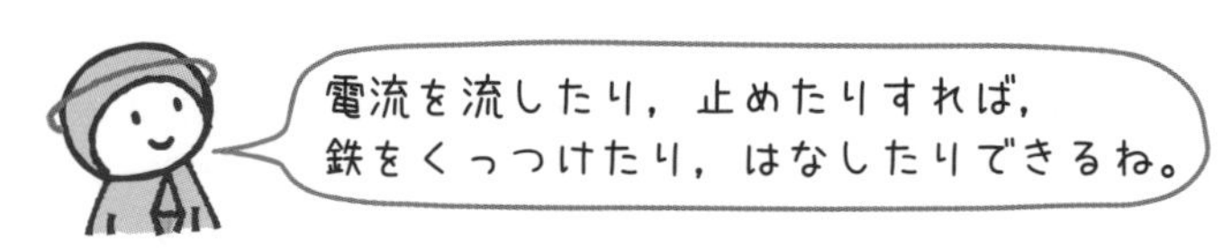

基本練習

答えは別さつ10ページ

1 次の問いに答えましょう。

(1) 導線を，同じ向きに何回もまいたものを何といいますか。

［　　　　　　　　］

(2) (1)の中に鉄心を入れ，かん電池につないで電流を流すと，鉄心が磁石になります。これを何といいますか。

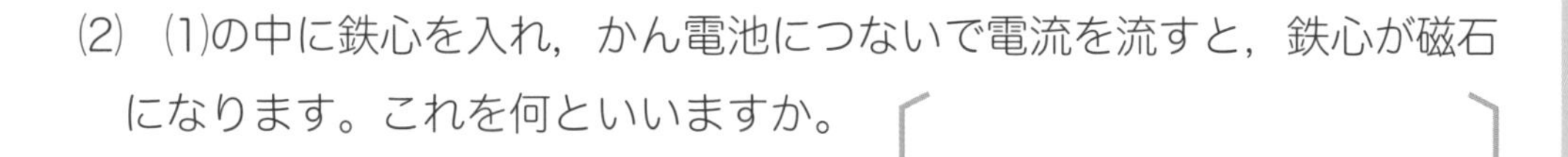

［　　　　　　　　］

(3) (2)に電流を流し，鉄のクリップを近づけると，クリップは鉄心全体につきますか，両はしにつきますか。

［　　　　　　　　］

2 鉄のリサイクル工場では，電磁石を利用したクレーンを使って鉄のかたまりを運んでいます。このクレーンについて，次の問いに答えましょう。

© 植原直樹／アフロ

(1) 鉄を運んでいるときは，電磁石に電流が流れていますか，流れていませんか。

［　　　　　　　　］

(2) 目的の場所に鉄のかたまりを置くときには，電磁石に電流を流しますか，止めますか。

［　　　　　　　　］

できなかった問題は，復習しよう。

32 電磁石にもN極とS極はあるの?

★電磁石にもN極とS極がある!

電磁石に電流を流すと，電磁石の先たんのかた方には方位磁針のS極が，もうかた方には方位磁針のN極が引きつけられます。このことから，電磁石の両はしが**N極**，**S極**になっていることがわかります。このように，電磁石にもN極とS極があります。

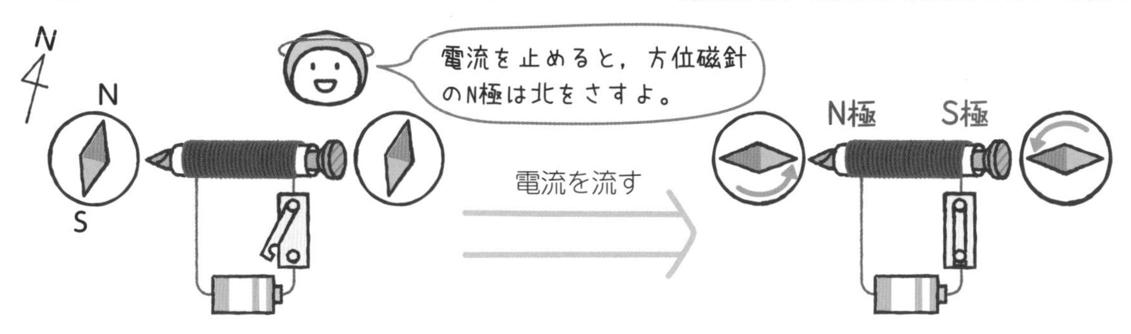

★同じ極はしりぞけ合い，ちがう極は引き合う!

電磁石のN極どうしまたはS極どうしを近づけると，たがいにしりぞけ合います。電磁石のN極とS極を近づけると，たがいに引き合います。磁石のN極，S極と同じように，電磁石も，同じ極どうしはしりぞけ合い，ちがう極どうしは引き合う性質をもっています。

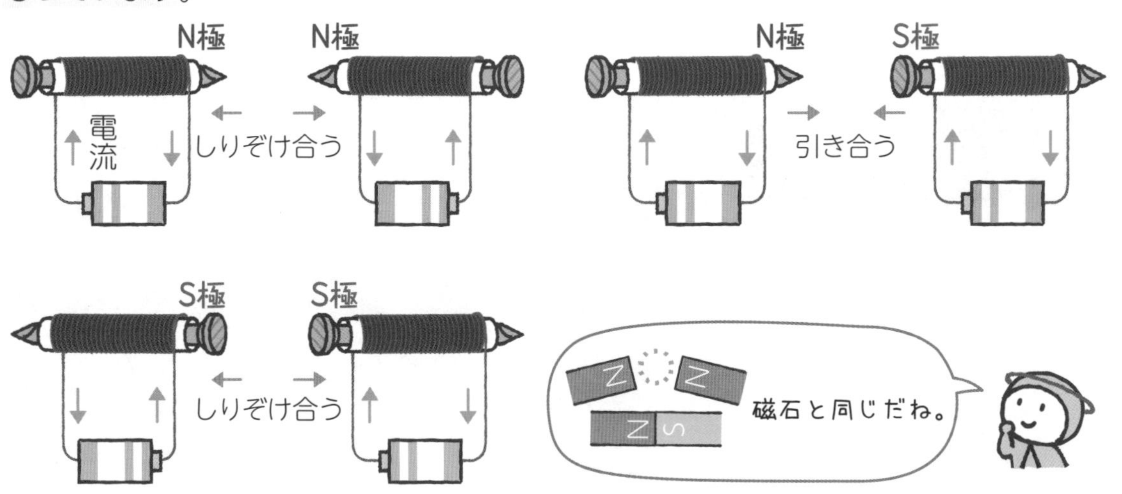

基本練習

答えは別さつ10ページ

1 次の問いに答えましょう。

(1)　電磁石にはN極とS極がありますか，ありませんか。

［　　　　　　　　］

(2)　電磁石の同じ極どうしは引き合いますか，しりぞけ合いますか。

［　　　　　　　　］

2 次の問いに答えましょう。

(1)　次の図の電磁石の㋐はN極，S極のどちらですか。

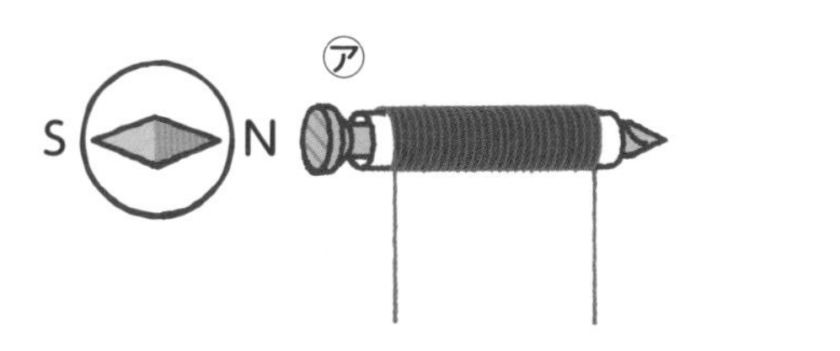

［　　　　　　　　］

(2)　同じ電磁石2個(こ)を使って，次のように極を近づけました。引き合うか，しりぞけ合うかを答えましょう。

①

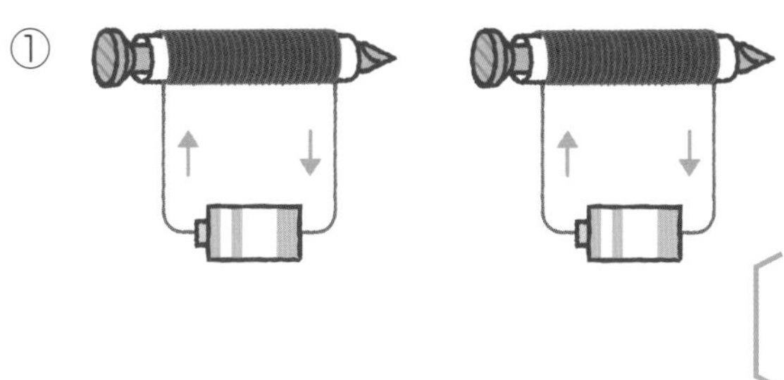

［　　　　　　　　］

②

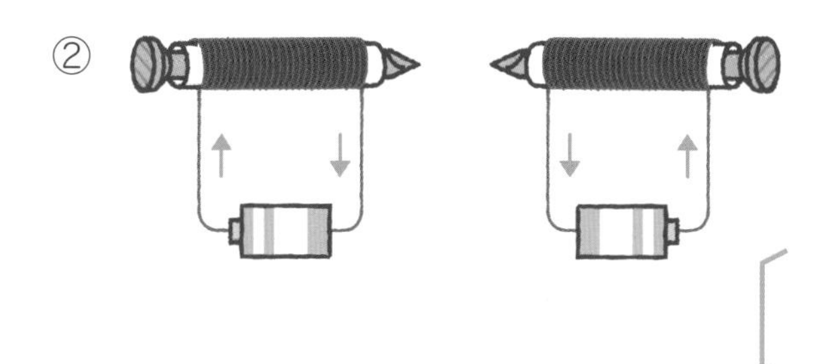

［　　　　　　　　］

できなかった問題は，復習(ふくしゅう)しよう。

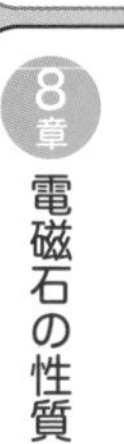

学習日　月　日

33 電磁石の極は入れかえられないの？

★電流の向きが逆になると，N極とS極が入れかわる！

電磁石につなぐかん電池の向きを逆にすると，電磁石のＮ極とＳ極が入れかわります。このように，コイルに流れる電流の向きが逆になると，電磁石の極が入れかわります。

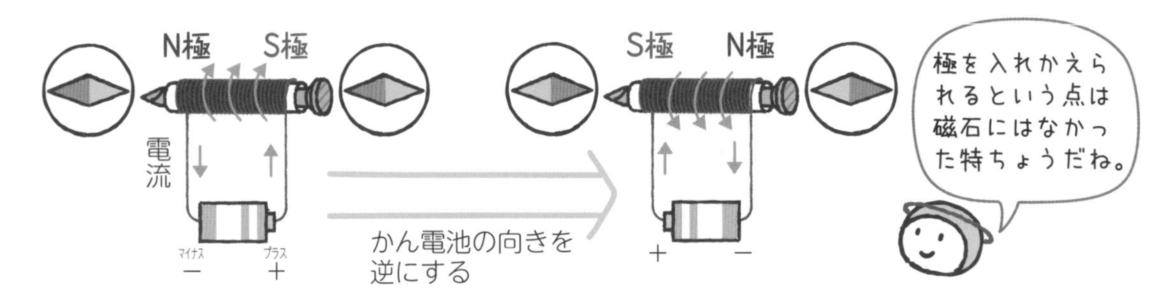

★コイルの導線をまく向きを変えても，N極とS極が入れかわる！

コイルの導線をまく向きを変えても，電磁石の極が入れかわります。これは導線をまく向きを逆にすると，コイルに流れる電流の向きが逆になるからです。

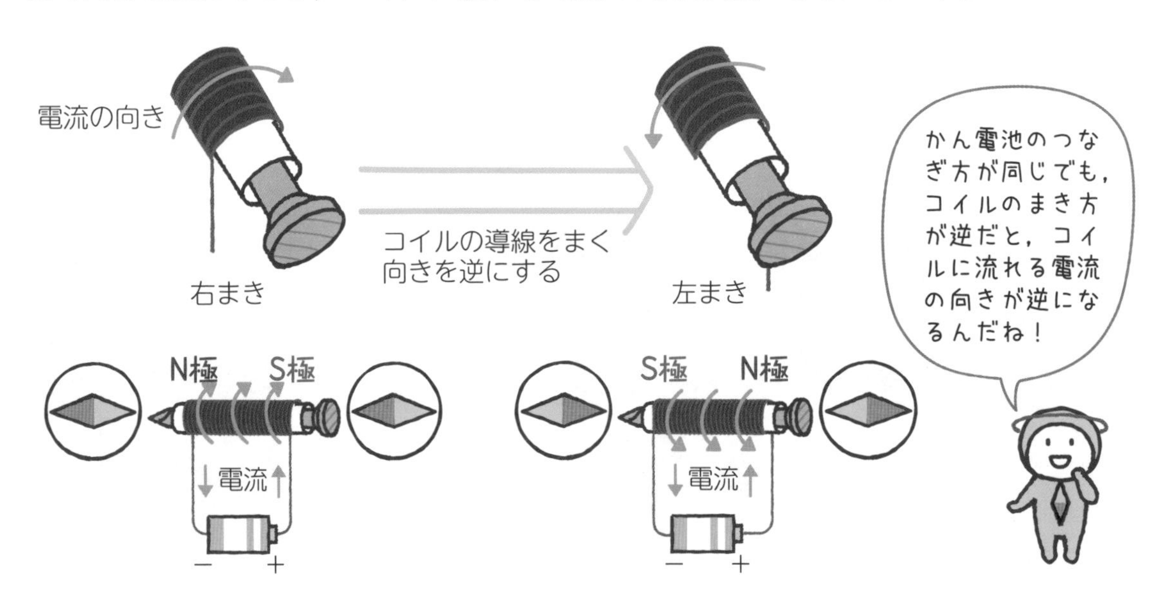

基本練習

答えは別さつ11ページ

1 次の問いに答えましょう。

(1) 電磁石につなぐかん電池の向きを逆にしたとき，電磁石のＮ極とＳ極は入れかわりますか，入れかわりませんか。

(2) 電磁石のＮ極とＳ極を入れかえるには，コイルの導線のまき数を増(ふ)やせばよいですか，導線をまく向きを逆にすればよいですか。

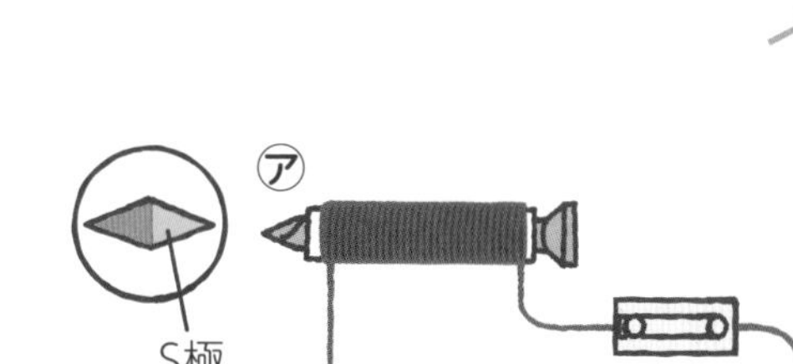

2 電磁石に電流を流し，電磁石の㋐のはしに方位磁針(ほういじしん)を近づけたら，方位磁針のＳ極が㋐に引きつけられました。次の問いに答えましょう。

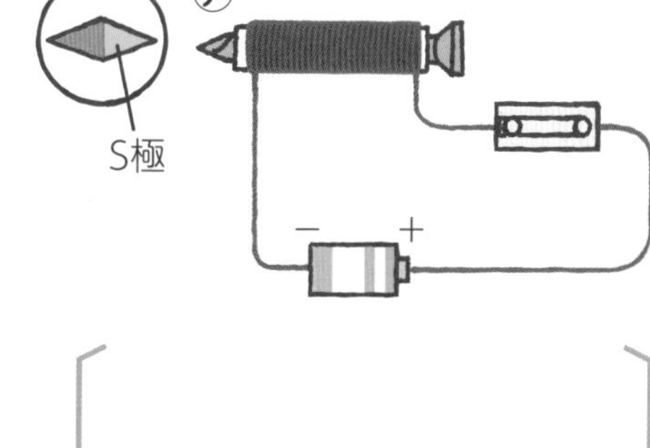

(1) 電磁石の㋐は何極になっていますか。

(2) かん電池の向きを逆にして，スイッチを入れました。

① コイルに流れる電流の向きはどうなりますか。

② ㋐に引きつけられたのは，方位磁針の何極ですか。

できなかった問題は，復習(ふくしゅう)しよう。

学習日 月 日

34 電磁石の強さは変えられないの？

★コイルに流れる電流を大きくすれば，電磁石は強くなる！

電磁石にかん電池１個をつないだときと，かん電池２個を直列につないだときの電磁石の強さを比べます。すると，かん電池２個のときのほうが，鉄のクリップを多く引きつけます。

このように，コイルに流れる電流を大きくすると，電磁石は強くなります。

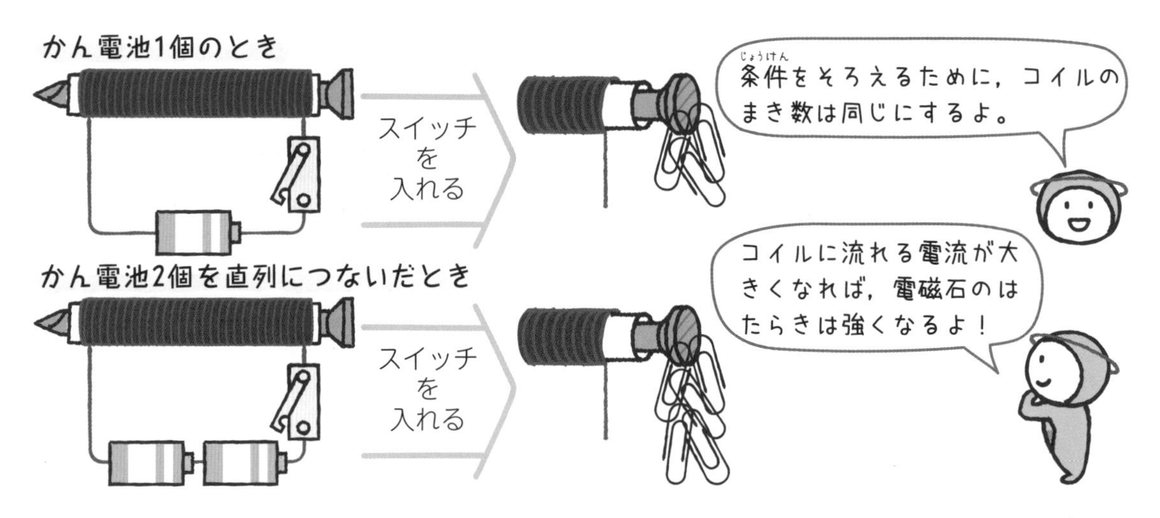

★電流の大きさは，電流計で調べよう！

電流計は回路に**直列つなぎ**でつなぐ。

①かん電池の＋極側の導線を＋たんしにつなぐ。

②かん電池の－極側の導線を，最も大きい電流がはかれる**5 A**の－たんしにつなぐ。

③針のふれが小さいときは，500 mA，50 mAの順につなぎかえる。

－たんし
50 mA　500 mA　5 A
＋たんし
－　＋

目もりの読み方

電流計の針が下の図のようにふれた場合，－たんしが

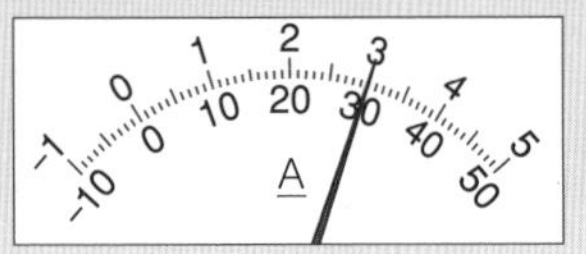

・5 Aのとき　→3.0 A
・500 mAのとき →300 mA
・50 mAのとき　→30 mA

基本練習

答えは別さつ11ページ

1 次の問いに答えましょう。

(1) 電磁石を強くするには，電流を大きくすればよいですか，小さくすればよいですか。

［　　　　］

(2) 電磁石に流れる電流の大きさをはかりたいとき，電流計は回路に直列つなぎでつなぎますか，へい列つなぎでつなぎますか。

［　　　　］

(3) かん電池の＋極側の導線は，電流計の＋たんし，－たんしのどちらにつなぎますか。

［　　　　］

2 次の問いに答えましょう。

(1) 電磁石がいちばん強くなるのは，**ア**～**ウ**のどの場合ですか。

［　　　　］

ア　電磁石にかん電池１個をつなぐ。

イ　電磁石に直列つなぎにしたかん電池２個をつなぐ。

ウ　電磁石にへい列つなぎにしたかん電池２個をつなぐ。

(2) 図のように電流計の－たんしに導線をつなぐと，針(はり)が図のようにふれました。電流の大きさを読みとりましょう。

［　　　　］

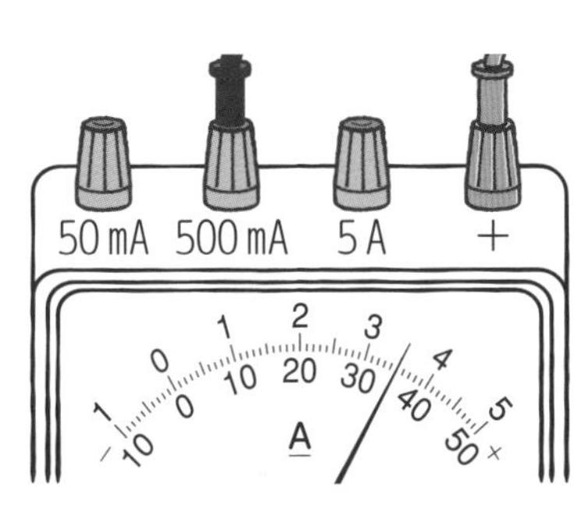

できなかった問題は，復習(ふくしゅう)しよう。

学習日 月 日

35 ほかにも電磁石を強くする方法はある？

★コイルのまき数を多くすれば，電磁石は強くなる！

コイルを100回まきにしたときと200回まきにしたときの，電磁石の強さを比べます。すると，200回まきの電磁石のほうが，鉄のクリップを多く引きつけます。

このように，コイルのまき数を多くすると，電磁石は強くなります。

★太い導線を使えば，電磁石は強くなる！

細い導線を使ったときと，太い導線を使ったときの電磁石の強さを比べます。すると，太い導線を使った電磁石のほうが，鉄のクリップを多く引きつけます。

このように，太い導線を使ったほうが，電磁石は強くなります。

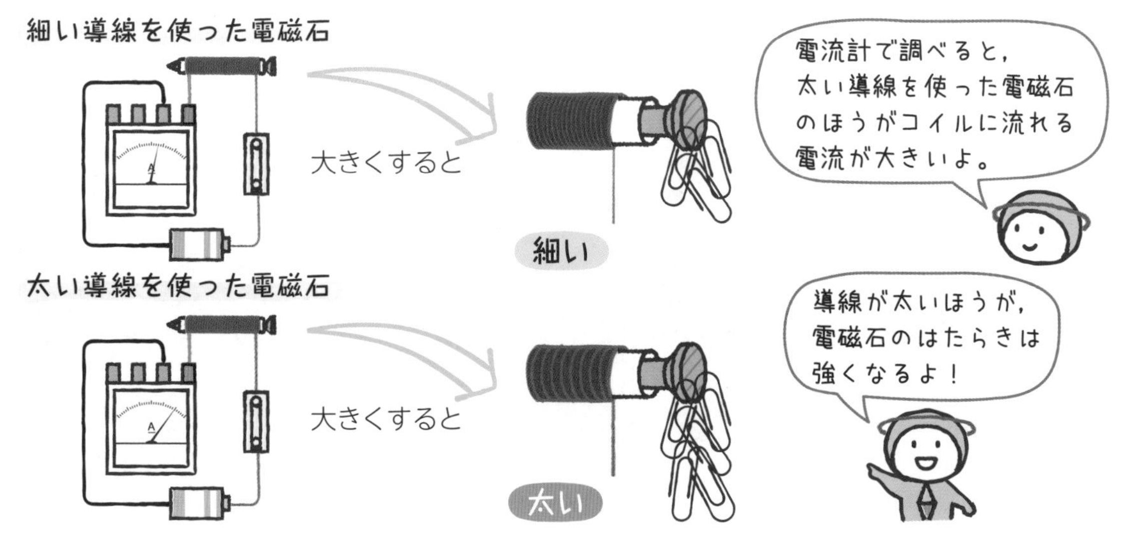

基本練習

答えは別さつ11ページ

1 次の問いに答えましょう。

(1) 電磁石を強くするには，コイルのまき数を多くすればよいですか，少なくすればよいですか。

〔　　　　　　　　〕

(2) 電磁石を強くするには，導線を太くすればよいですか，細くすればよいですか。

〔　　　　　　　　〕

2 図のように導線のまき数や太さを変えて，かん電池１個（こ）につないで電磁石の強さを比べました。次の問いに答えましょう。ただし，導線の長さは同じにしています。

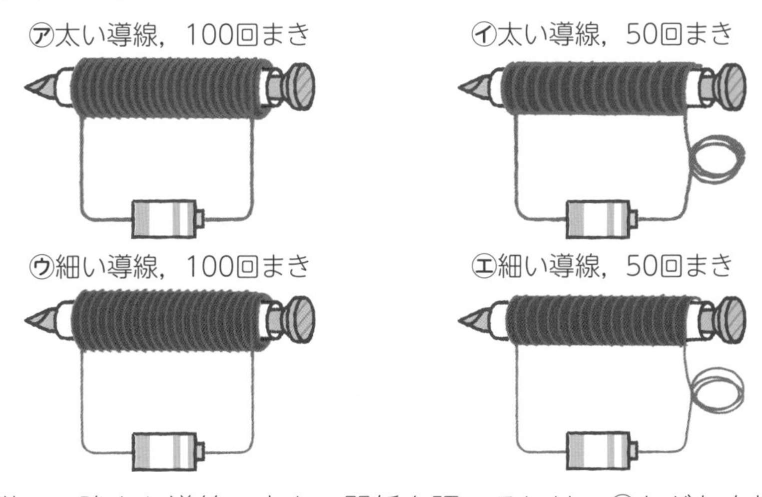

(1) 電磁石の強さと導線の太さの関係を調べるには，㋐とどれを比べればいいですか。

〔　　　　　　　　〕

(2) 電磁石のはたらきがいちばん強いのは，どれですか。

〔　　　　　　　　〕

できなかった問題は，復習（ふくしゅう）しよう。

36 電磁石は何に使われているの？

★電磁石は，モーターに使われている！

モーターは，**磁石**の極と**電磁石**の極とが，たがいに引き合ったりしりぞけ合ったりすることによって回転します。わたしたちの身のまわりには，モーターを使った器具がたくさんあります。

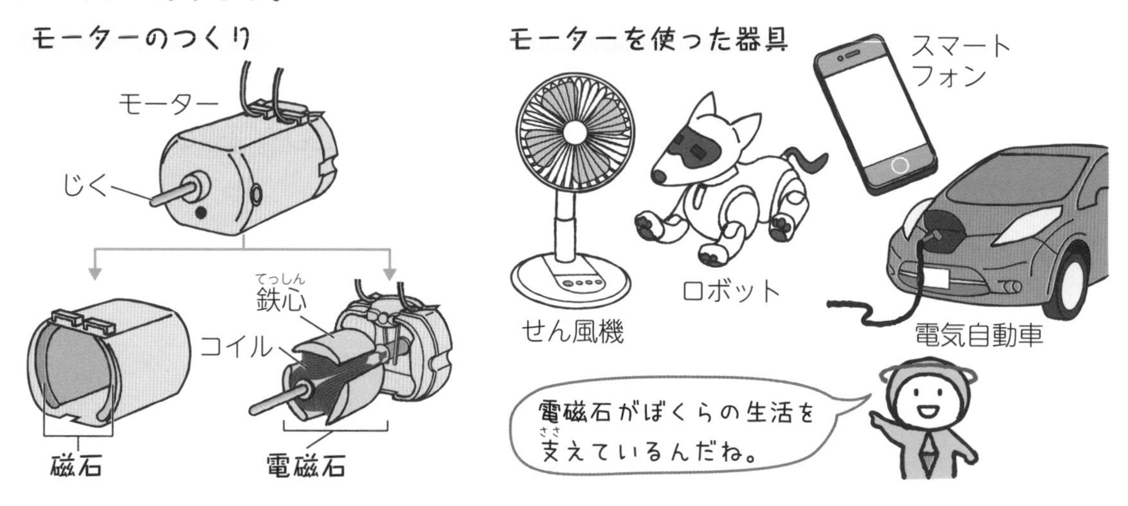

★リニアモーターカーは，電磁石で動く！

リニアモーターカーは，車両と地上に組みこまれた電磁石の力を利用して，車両をうかせたり進めたりする乗り物です。車両がういたまま進むので，非常に速く，ゆれが少ないのが特ちょうです。

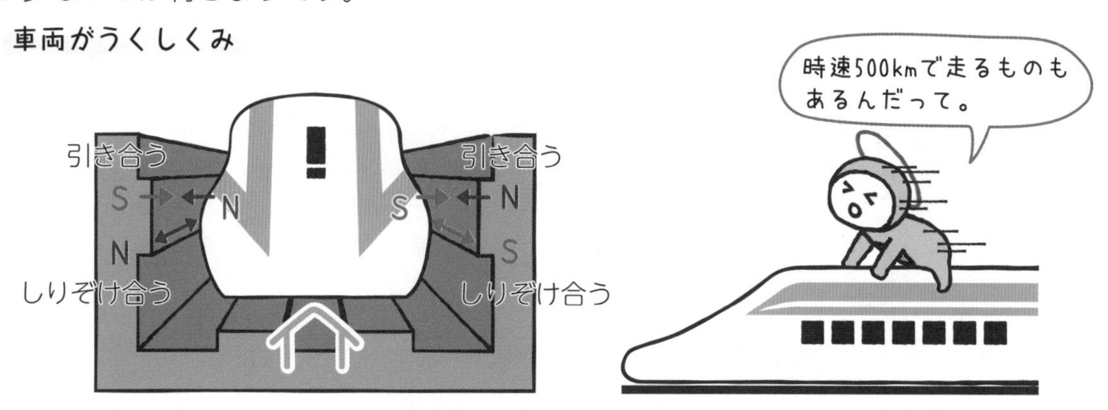

基本練習

➔ 答えは別さつ11ページ

1 次の問い に答えましょう。

(1) モーターの中に電磁石は使われていますか，使われていませんか。

〔　　　　　　　　〕

(2) 電磁石のはたらきで車両をうかせたり，進めたりする乗り物を何といいますか。

〔　　　　　　　　〕

(3) スマートフォンの中にモーターは入っていますか，入っていませんか。

〔　　　　　　　　〕

2 モーターを利用したものを，次の中からすべて選びましょう。

㋐オーブントースター

㋑かい中電灯

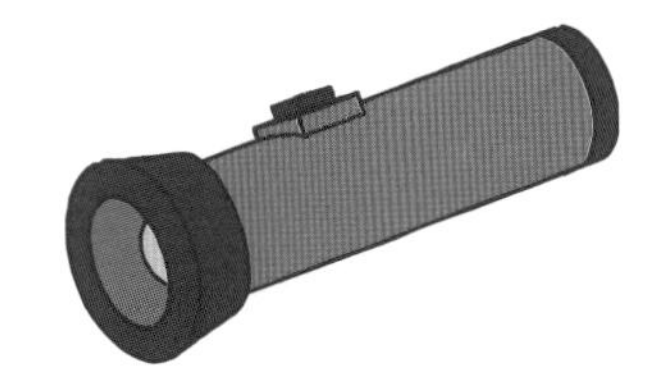

㋒せん風機

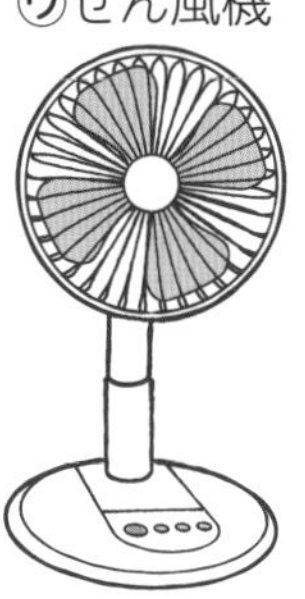

㋓電気自動車

〔　　　　　　　　〕

できなかった問題は，復習しよう。

復習テスト 8

1

導線（エナメル線）を同じ向きに何回もまいて，その中に鉄心（鉄くぎ）を入れて，かん電池をつなぎました。次の問いに答えましょう。【各7点　計28点】

(1) 図１のように，導線を同じ向きに何回もまいたもの㋐を何といいますか。

［　　　　　　　　］

(2) 図２のように，㋑の鉄心に鉄のクリップを近づけると，クリップはどうなりますか。

［　　　　　　　　］

(3) (2)のようなはたらきをする㋑を何といいますか。［　　　　　　　　］

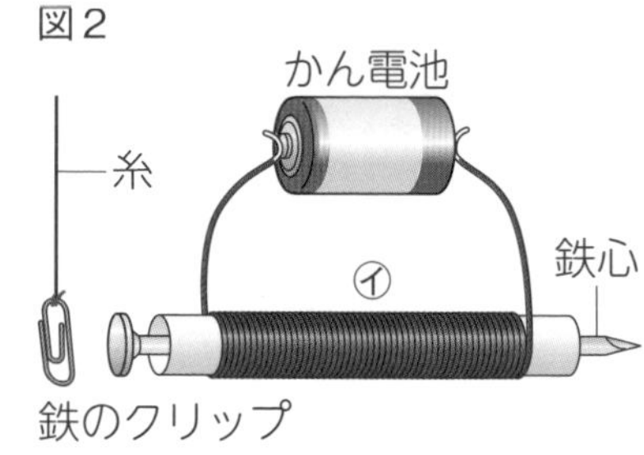

(4) (2)の状態からかん電池をとりはずすと，クリップはどうなりますか。

［　　　　　　　　］

2

右の図１のように，電磁石の近くに方位磁針を置きました。次の問いに答えましょう。

【各7点　計21点】

(1) 図１で，電磁石の㋐は何極ですか。

［　　　　　　　　］

(2) 図１で，㋐にぼう磁石のN極を近づけると，㋐とぼう磁石は，引き合いますか，しりぞけ合いますか。［　　　　　　　　］

(3) 図２のように，かん電池を図１とは逆につなぎました。電磁石の㋑は何極になりますか。

［　　　　　　　　］

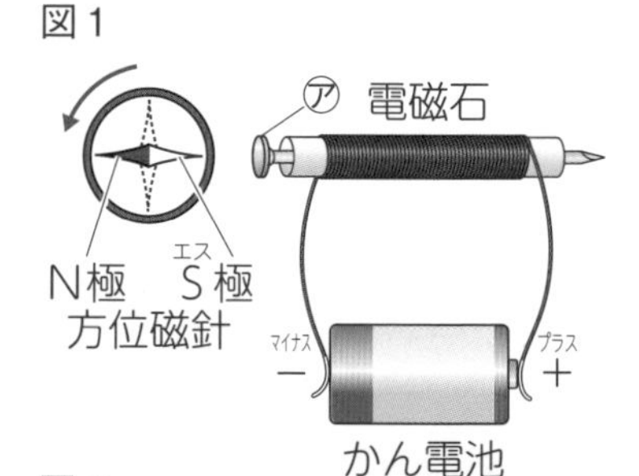

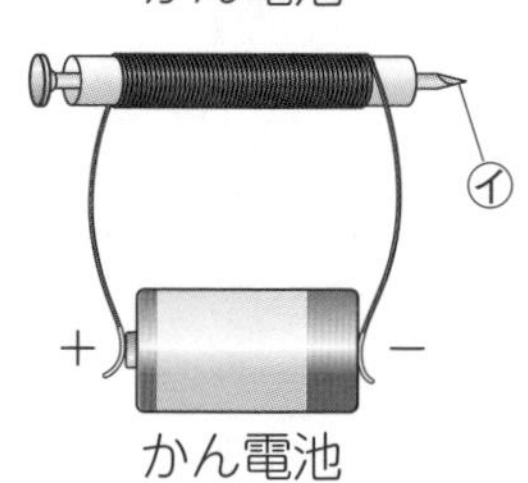

答えは別さつ17ページ

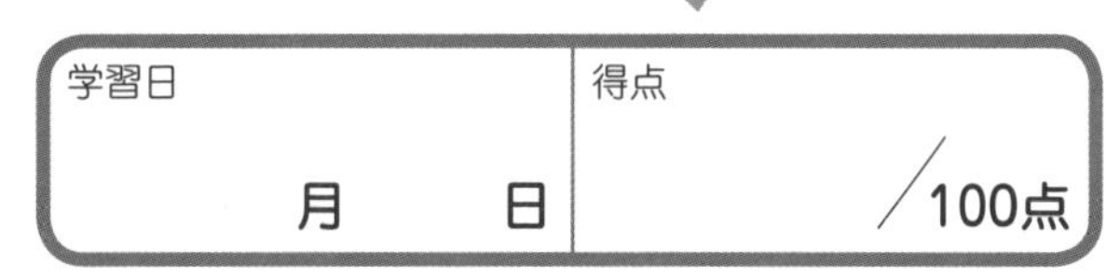

3

右の図の㋐～㋓の電磁石について，次の問いに答えましょう。　【各7点　計21点】

(1)　㋐と㋑では，電磁石の強さはどちらが強いですか。　［　　　　］

(2)　㋒と㋓では，電磁石の強さはどちらが強いですか。　［　　　　］

(3)　鉄のクリップが最も多く引きつけられるのは，㋐～㋓のどれですか。

［　　　　］

㋐ 100回まき

㋑ 200回まき

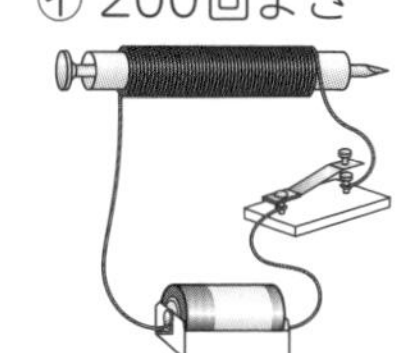

㋒ 200回まき

㋓ 200回まき

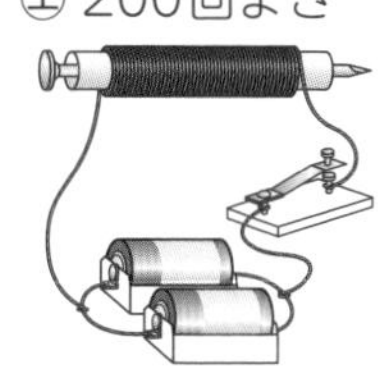

導線全体の長さや太さ，かん電池はどれも同じ。

4

電流計の使い方について，次の問いに答えましょう。　【(4)は9点　ほかは各7点　計30点】

(1)　電流の単位の「A」は，何と読みますか。

［　　　　　］

(2)　図１で，電流計は電磁石やかん電池にどのようにつなぎますか。図１に線をかき入れましょう。

(3)　－たんしにつなぐ導線は，はじめ「5 A」「500 mA」「50 mA」のどの－たんしにつなぎますか。

［　　　　　］

(4)　図２では－たんしは500 mAにつないであります。電流の大きさは何mAですか。　［　　　　　］

図１

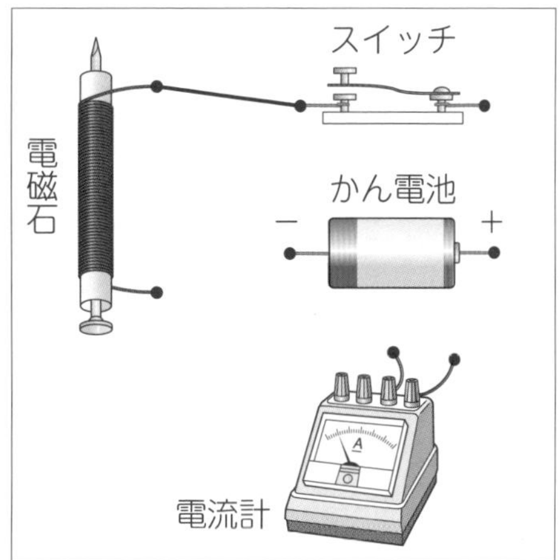

図２

37 ふりこってどんなものなの？

★ふりこは，糸におもりをつけて左右にふれるようにしたもの!

糸におもりをつけて，おもりが左右にふれるようにしたものを**ふりこ**といいます。

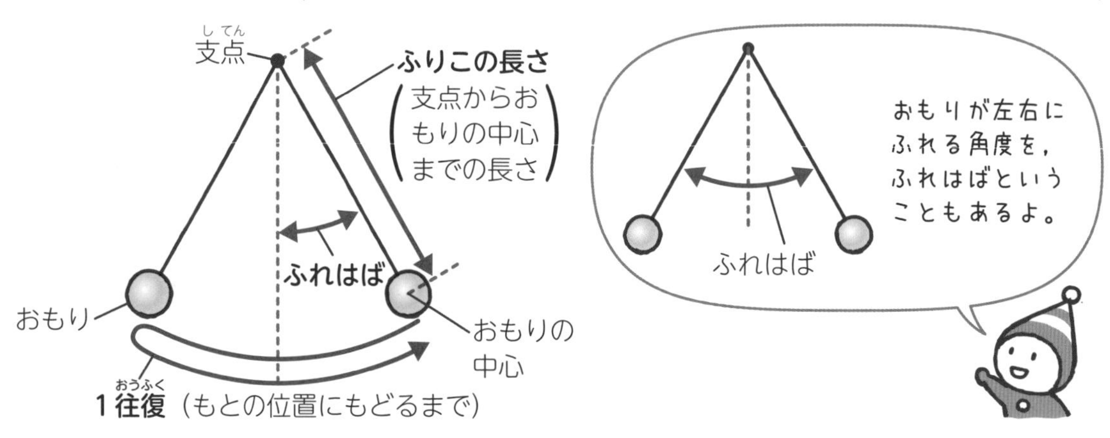

★ふりこが1往復する時間は，測定結果を平均して求めよう!

ふりこの動きのちがいを見るには，ふりこが1往復する時間を比べます。しかし，1往復する時間を正確にはかるのはむずかしいので，10往復する時間を何回かはかって，その**平均**を出してから，1往復する時間を求めます。

1往復する時間の求め方（10往復する時間を3回はかった場合）

10往復する時間〔秒〕			10往復する時間の合計〔秒〕		10往復する時間の平均〔秒〕		1往復する時間の平均〔秒〕
1回目	2回目	3回目		÷3		÷10	
20	19	20	59		19.7		2.0

①10往復する時間をはかる。

②合計する。
20＋19＋20=59

③10往復する時間の平均を求める。
59÷3=19.66…
→19.7

④1往復する時間の平均を求める。
19.7÷10=1.97
→2.0

結果は，小数第2位を四捨五入して小数第1位まで書くよ。③の19.66…は19.7になるね。

基本練習

答えは別さつ12ページ

1 次の問いに答えましょう。

(1) 糸におもりをつけて，おもりが左右にふれるようにしたものを何といいますか。

〔　　　　　　〕

(2) (1)において，糸を固定している点を何といいますか。

〔　　　　　　〕

(3) (1)において，糸を固定している点からおもりの中心までの長さを何といいますか。

〔　　　　　　〕

2 ふりこが 10 往復する時間をはかると，右の表のようになりました。次の問いに答えましょう。

1 回目	2 回目	3 回目
18 秒	17 秒	17 秒

(1) ふりこが 10 往復する時間の平均を，小数第 1 位を四捨五入して整数で求めましょう。

〔　　　　　　〕

(2) ふりこが 1 往復する時間の平均を，小数第 1 位まで求めましょう。

〔　　　　　　〕

38 おもりの重さを変えたらどうなるの？

★ふりこの長さ，ふれはばは同じにして実験しよう！

おもりの重さを10g，20g，30gにして，ふりこが1往復（おうふく）する時間を調べます。おもりの重さとふりこの1往復する時間の関係を調べるために，ふりこの長さ，ふれはばは同じにして実験します。

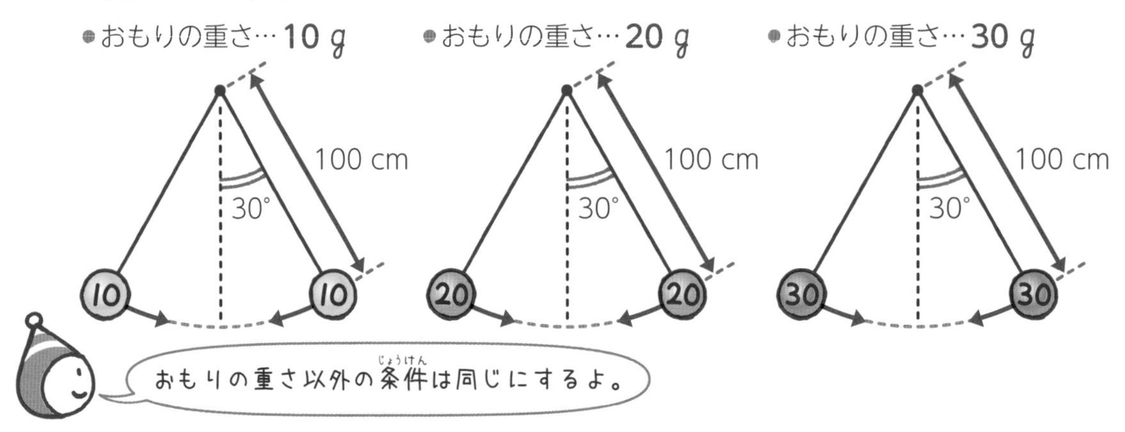

おもりの重さ以外の条件（じょうけん）は同じにするよ。

★おもりの重さを変えても，1往復する時間は変わらない!

おもりの重さを10g，20g，30gに変えても，ふりこが1往復する時間は変わりません。このように，ふりこの1往復する時間は，**おもりの重さ**によっては変わらないことがわかります。

おもりの重さと1往復する時間の関係【実験結果】

おもりの重さ	10往復する時間				1往復する時間
	1回目	2回目	3回目	平均（へいきん）	
10g	20.0秒	20.0秒	20.1秒	20.0秒	**2.0秒**
20g	19.9秒	20.2秒	20.0秒	20.0秒	**2.0秒**
30g	20.0秒	19.7秒	20.0秒	19.9秒	**2.0秒**

計算すると，どの重さでも同じ時間になるね！

基本練習

➡ 答えは別さつ12ページ

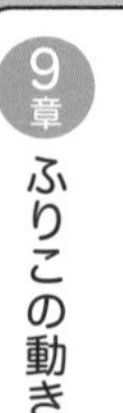

1 次の問いに答えましょう。

(1) おもりの重さとふりこの１往復する時間の関係を調べる実験では，ふりこの長さを変えてもよいですか，変えてはいけませんか。

〔　　　　　　　〕

(2) おもりの重さとふりこの１往復する時間の関係を調べる実験では，ふりこのふれはばを変えてもよいですか，変えてはいけませんか。

〔　　　　　　　〕

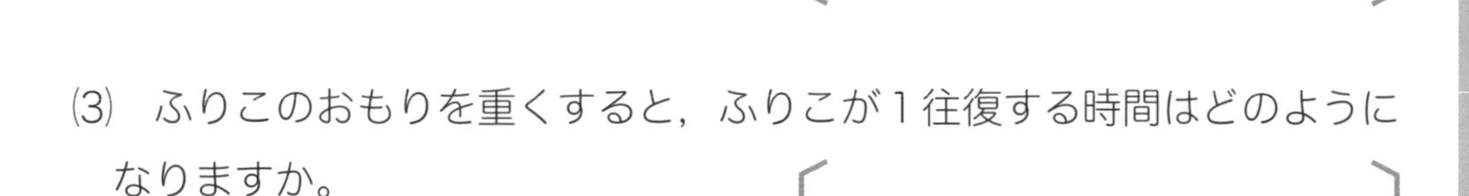

(3) ふりこのおもりを重くすると，ふりこが１往復する時間はどのようになりますか。

〔　　　　　　　〕

2 次の問いに答えましょう。

れいなさんのお姉さんの体重は 45 kg，お母さんは 65 kg で，せの高さはほとんど同じです。お姉さんとお母さんは，同じ長さのブランコに乗り，下の図のように，こがずに同じ位置からブランコをゆらしました。

(1) お姉さんとお母さんの乗ったブランコが１往復する時間は，どのようになりますか。

ア お姉さんのほうが長い。
イ お母さんのほうが長い。
ウ どちらも同じ。

〔　　　〕

(2) (1)のようになる理由をかんたんに書きなさい。

〔　　　　　　　　　　　　　　　　　　　〕

できなかった問題は，復習しよう。

学習日　　月　　日

39 ふりこの長さを変えたらどうなるの？

★ふりこの長さを変えると，1往復する時間が変わる!

ふりこの長さを変えて，ふりこの長さと1往復する時間の関係を調べます。

ふりこの長さを40 cm，80 cm，100 cmと長くすると，1往復する時間が長くなります。このように，ふりこの長さが長いほど，1往復する時間は長くなることがわかります。

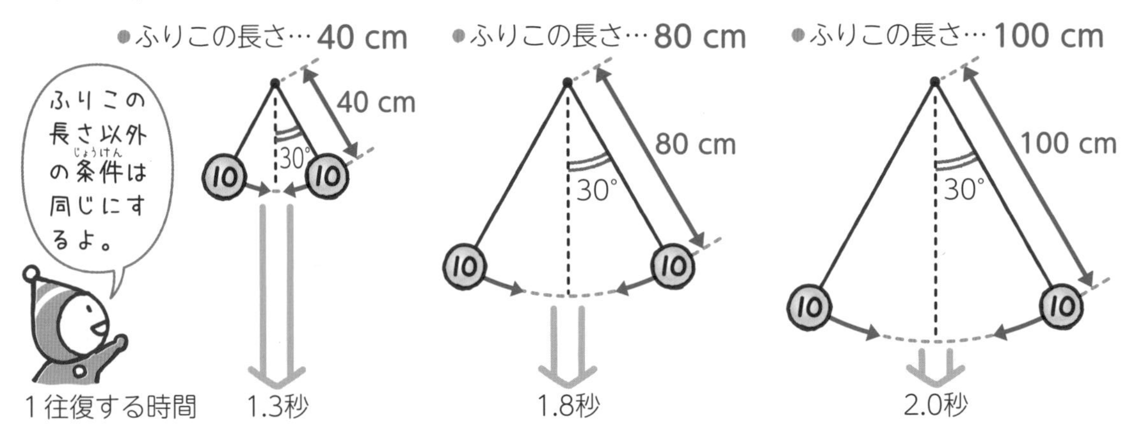

★ふりこ時計は，ふりこの長さを変えて進み方を調節する!

ふりこ時計は，ふりこの長さが同じなら1往復する時間が変わらないことを利用しています。ふりこ時計は，おもりを上下させてふりこの長さを変えることによって，時計の進み方を調節します。

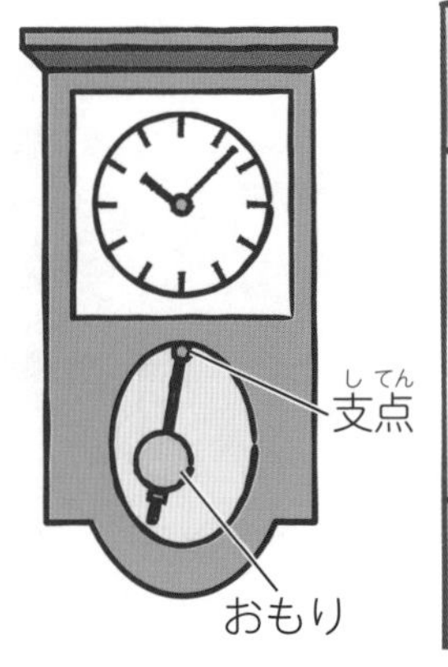

時計の進み方を速くしたいとき	時計の進み方をおそくしたいとき
↑おもりを上げる	↓おもりを下げる
ふりこの長さを短くする。	ふりこの長さを長くする。

基本練習

答えは別さつ12ページ

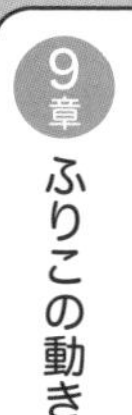

1 次の問いに答えましょう。

(1) ふりこの長さとふりこの１往復する時間の関係を調べる実験では，おもりの重さやふれはばを変えてもよいですか，変えてはいけませんか。

［　　　　　　］

(2) ふりこの長さが長くなると，ふりこが１往復する時間はどのようになりますか。

［　　　　　　］

2 次の問いに答えましょう。

(1) **図１**のようなふりこ時計では，おもりの位置を上げるとふりこの長さは長くなりますか，短くなりますか。

［　　　　　　］

図１

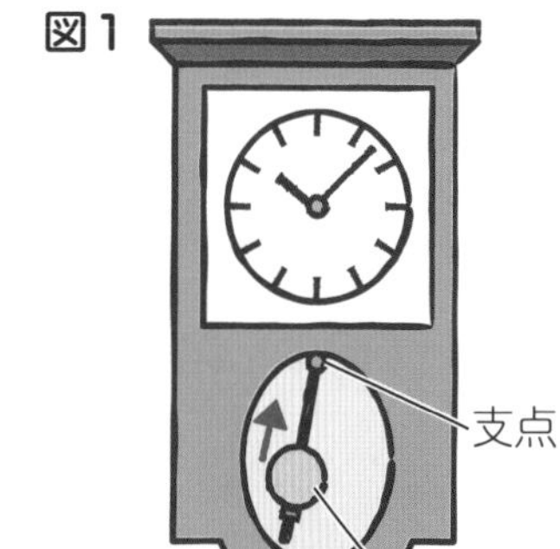

(2) **図１**のふりこ時計は，実際の時間よりも少し速く進んでいます。これを直すには，おもりの位置を上げればよいですか，下げればよいですか。

［　　　　　　］

(3) **図２**のようにメトロノームのおもりの位置を下げると，テンポは速くなりますか，おそくなりますか。

［　　　　　　］

図２

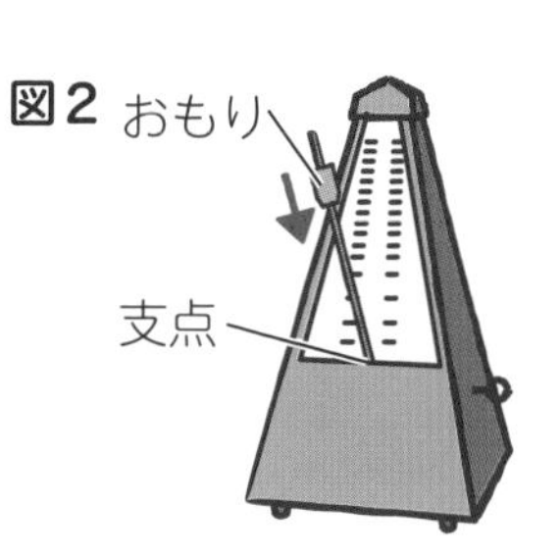

できなかった問題は，復習しよう。

40 ふれはばを変えたらどうなるの？

★ふれはばを変えても，ふりこが1往復(おうふく)する時間は変わらない！

ふれはばを変えて，ふりこが１往復する時間を調べます。

ふれはばを 15°，30°，45° に変えても，ふりこが１往復する時間は変わりません。このように，ふりこの１往復する時間は，**ふれはば**によっては変わらないことがわかります。

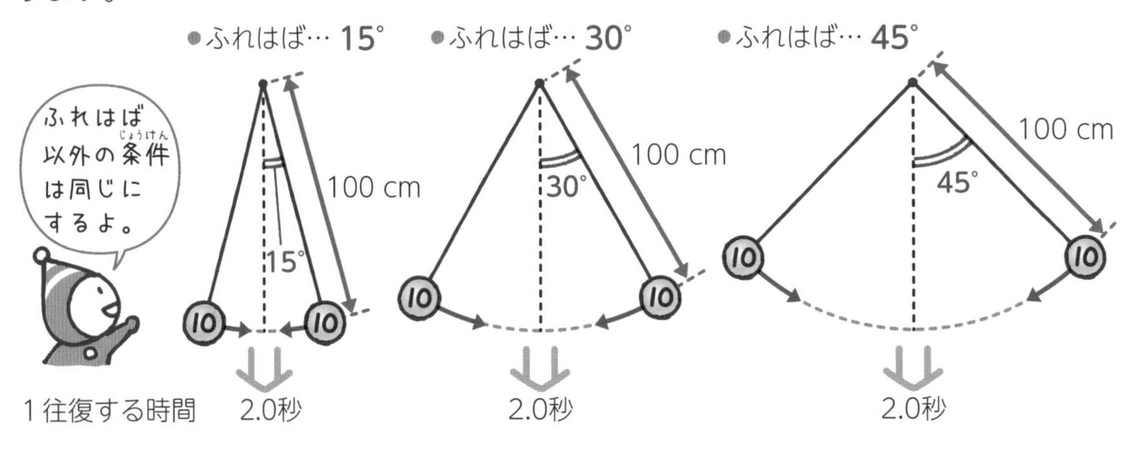

★ふりこが1往復する時間は，ふりこの長さによって決まる！

ふりこが１往復する時間は，**ふりこの長さ**によって変わり，**おもりの重さ**や**ふれはば**によっては変わりません。

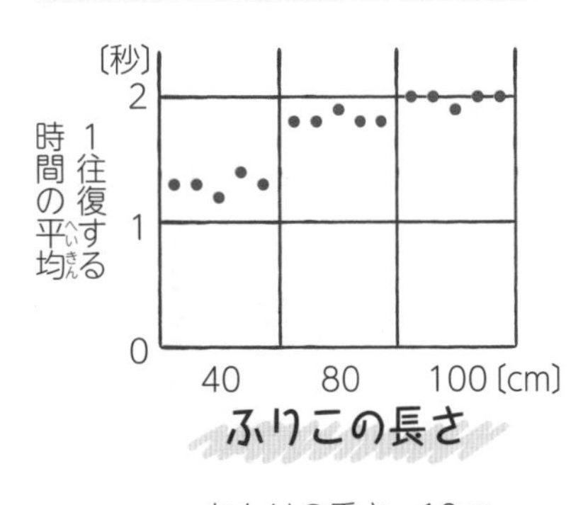

おもりの重さ…10 g
ふれはば　　…30°

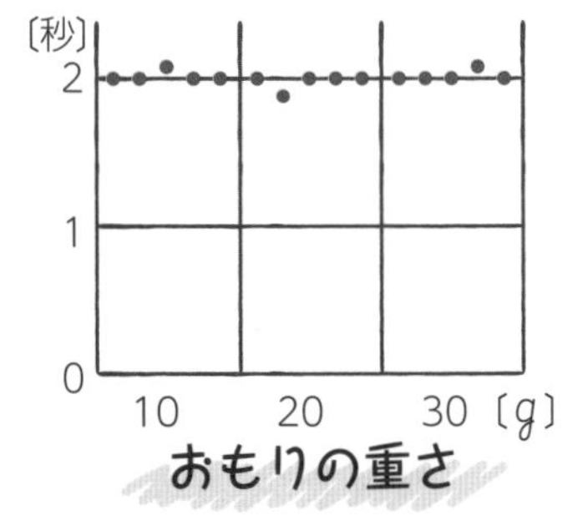

ふりこの長さ…100 cm
ふれはば　　…30°

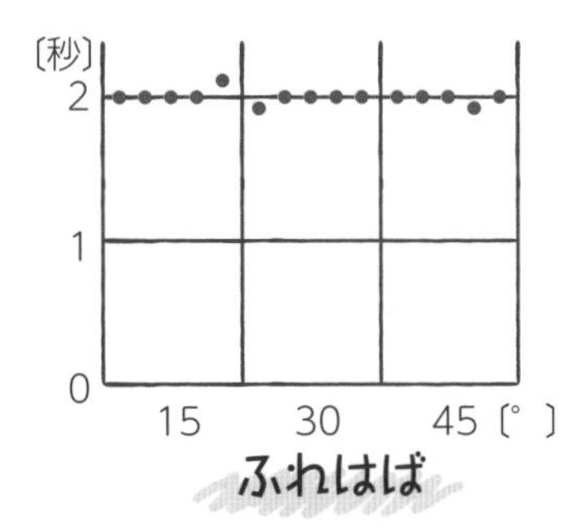

ふりこの長さ…100 cm
おもりの重さ…10 g

基本練習

答えは別さつ12ページ

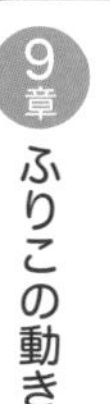

1 次の問いに答えましょう。

(1) ふれはばが大きくなると，ふりこが１往復する時間はどのようになりますか。

〔　　　　〕

(2) ふりこの１往復する時間を変えるには，おもりの重さ，ふりこの長さ，ふれはばのうち，どの条件を変えればよいですか。

〔　　　　〕

2 ㋐～㋔のように，条件をいろいろ変えて，ふりこが１往復する時間を調べました。次の問いに答えましょう。

(1) ふりこの長さとふりこが１往復する時間の関係を調べるには，㋐とどれを比べますか。

〔　　　　〕

	おもりの重さ	ふりこの長さ	ふれはば
㋐	10 g	10 cm	15°
㋑	30 g	20 cm	30°
㋒	30 g	20 cm	15°
㋓	10 g	20 cm	15°
㋔	50 g	30 cm	30°

(2) ㋑と㋒を比べると，何とふりこが１往復する時間の関係を調べることができますか。

〔　　　　〕

(3) １往復する時間がいちばん短いのはどれですか。

〔　　　　〕

できなかった問題は，復習しよう。

復習(ふくしゅう)テスト 9

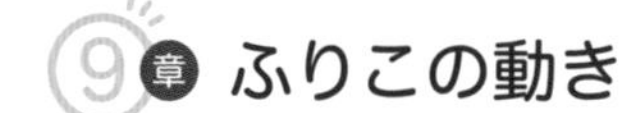

1

右の図のふりこについて，次の問いに答えましょう。 【各８点　計32点】

(1)　ふりこの長さを表しているのは，㋐〜㋒のどの長さですか。記号で答えましょう。 ［　　　］

(2)　ふりこの１往復(おうふく)を表しているのは，㋕〜㋗のどれですか。記号で答えましょう。 ［　　　］

(3)　右の表は，このふりこが10往復する時間を３回はかった結果です。表から，このふりこが10往復する時間の平均(へいきん)は何秒ですか。

［　　　］

(4)　このふりこが１往復する時間の平均は何秒ですか。小数第２位を四捨五入(ししゃごにゅう)して求めましょう。

［　　　］

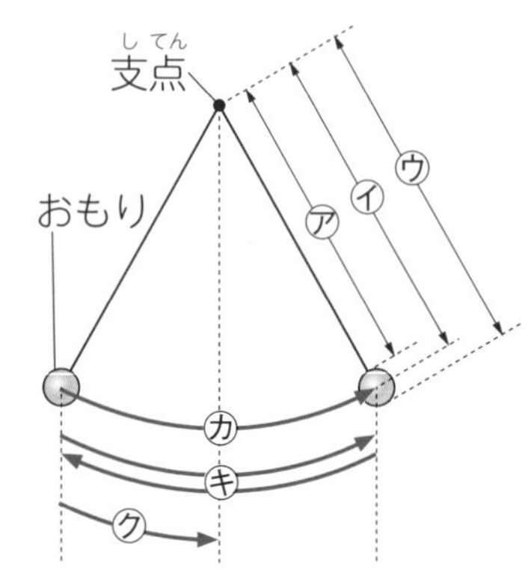

	10往復する時間
１回目	15.4秒
２回目	16.2秒
３回目	15.8秒

2

図の㋐〜㋓のふりこを使って，ふりこが１往復する平均の時間を調べました。次の問いに答えましょう。 【各８点　計32点】

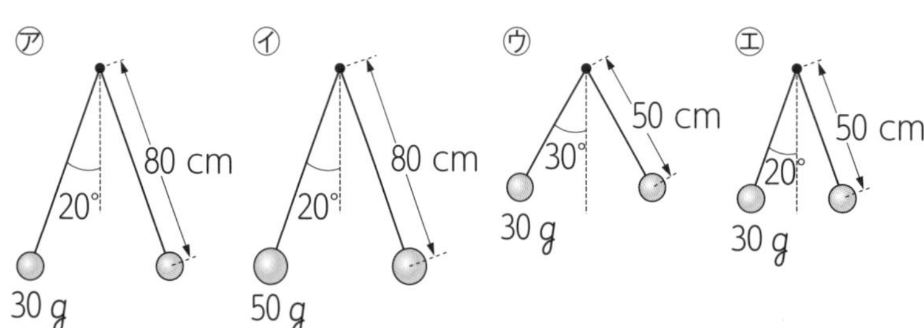

ふりこ	１往復する時間
㋐	1.8秒
㋑	1.8秒
㋒	1.4秒
㋓	1.4秒

(1)　ふりこのおもりの重さとふりこが１往復する時間の関係を調べるには，㋐〜㋓のどれとどれの結果を比(くら)べればよいですか。 ［　　と　　］

(2)　ふれはばとふりこが１往復する時間の関係を調べるには，㋐〜㋓のどれとどれの結果を比べればよいですか。 ［　　と　　］

答えは別さつ18ページ

学習日	得点
月　　日	／100点

(3)　ふりこの長さとふりこが１往復する時間の関係を調べるには，㋐～㋓のどれとどれの結果を比べればよいですか。　［　　と　　］

(4)　ふりこが１往復する時間は，おもりの重さ，ふれはば，ふりこの長さのどれと関係があることがわかりますか。　［　　　　］

3

次のＡ～Ｄのふりこについて，あとの問いに答えましょう。　【各9点　計36点】

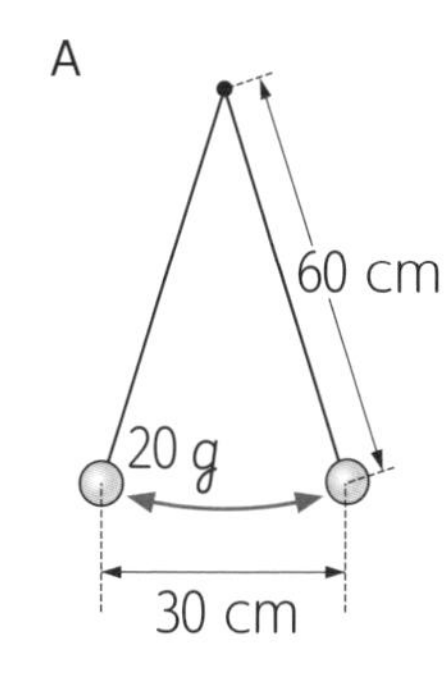

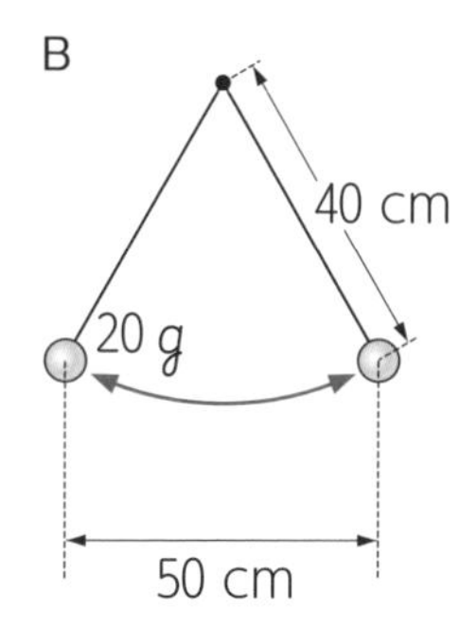

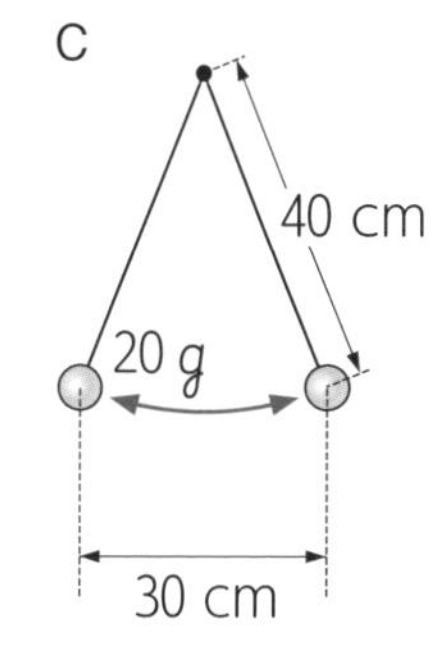

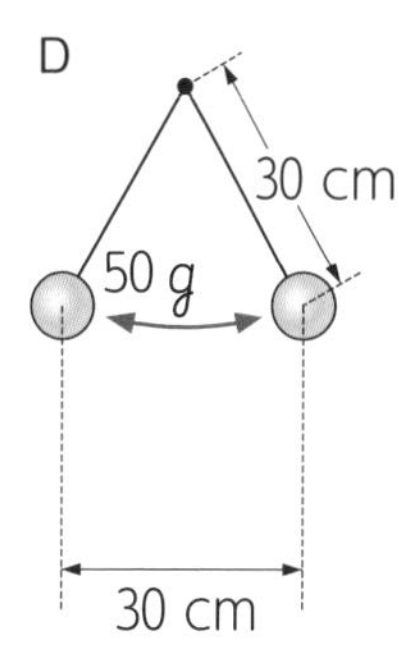

(1)　Ａ，Ｂのふりこが１往復する時間について，正しく説明しているものを，次のア～ウから選び，記号で答えましょう。　［　　　　］

ア　Ｂのふれはばは大きいので，１往復する時間は長くなる。

イ　Ａのふりこの長さが長いので，１往復する時間は長くなる。

ウ　Ｂのふりこの長さが短いので，１往復する時間は長くなる。

(2)　Ａ～Ｄのふりこで，１往復する時間が同じふりこはどれとどれですか。

［　　と　　］

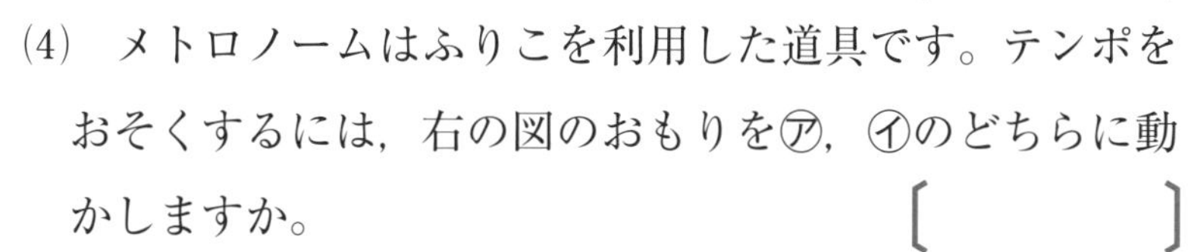

(3)　Ａ～Ｄのふりこで，１往復する時間が最も長いふりこはどれですか。　［　　　　］

(4)　メトロノームはふりこを利用した道具です。テンポをおそくするには，右の図のおもりを㋐，㋑のどちらに動かしますか。　［　　　　］

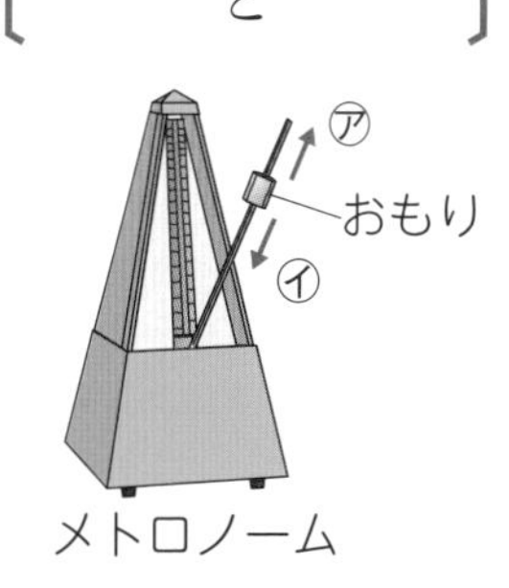

メトロノーム

小5理科をひとつひとつわかりやすく。 改訂版

編集協力
㈲シー・キューブ

カバーイラスト・シールイラスト
坂木浩子

本文イラスト・図版
㈱アート工房

ブックデザイン
山口秀昭 (Studio Flavor)

写真提供
写真そばに記載，記載のないものは編集部

DTP
㈱四国写研

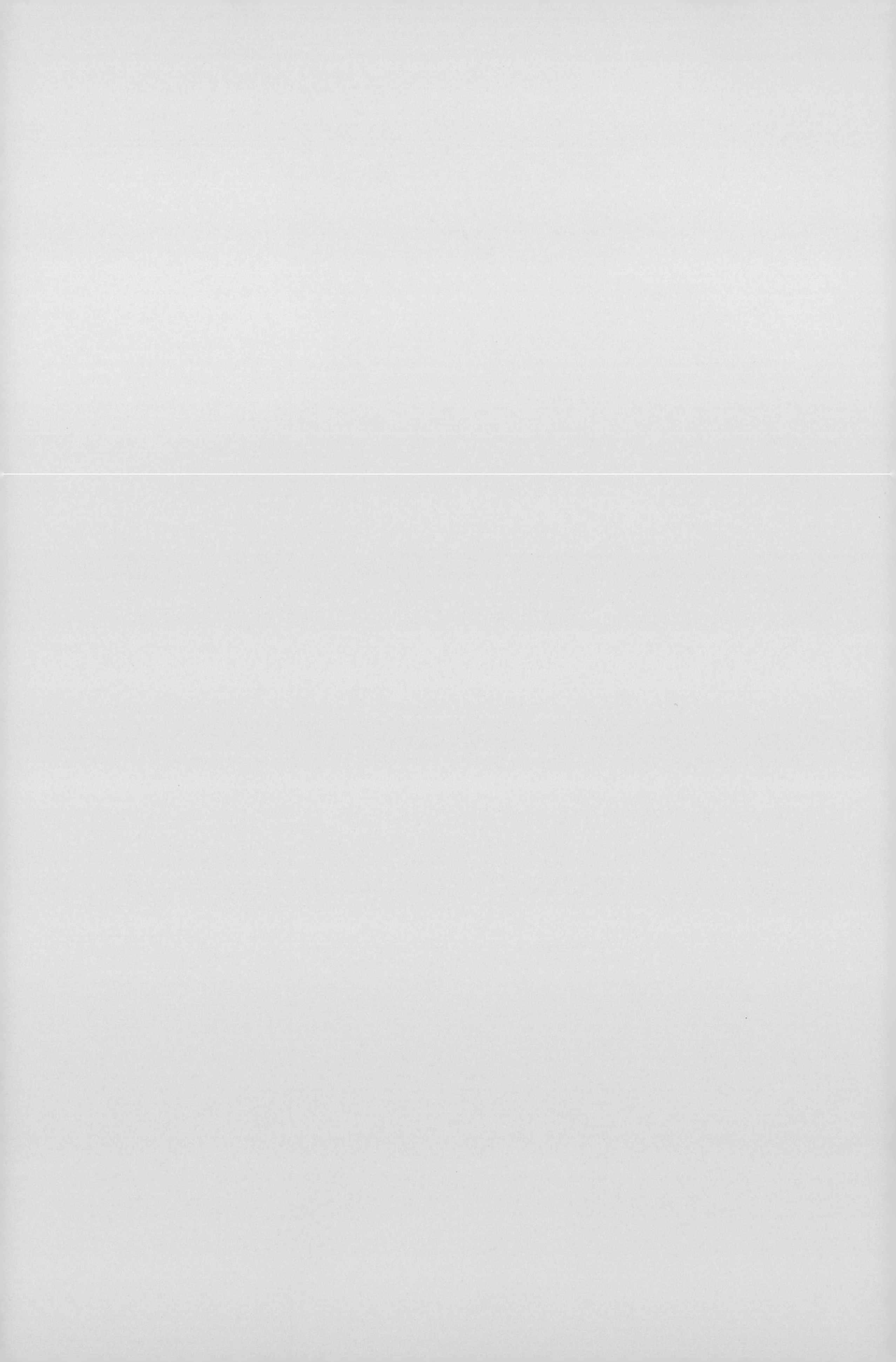

小5理科を
ひとつひとつわかりやすく。

［改訂版］

解答と解説

軽くのりづけされているので，
外して使いましょう。

Gakken

01 天気の種類は何で決まるの？

1 次の問いに答えましょう。

(1) 晴れかくもりかの天気を決める基準は，空全体をおおう何の量ですか。

〔 雲 〕

(2) 空全体の広さの約半分を雲がおおっていて，雨や雪がふっていないときの天気は何ですか。

〔 晴れ 〕

(3) 空全体にほとんど雲がないのに雨がふっているときの天気は何ですか。

〔 雨 〕

(4) 雨をふらす代表的な雲は２つあります。積らん雲ともう１つは何ですか。

〔 らんそう雲 〕

2 次の図は，空全体を表したものです。天気はそれぞれ何ですか。晴れかくもりかで答えましょう。

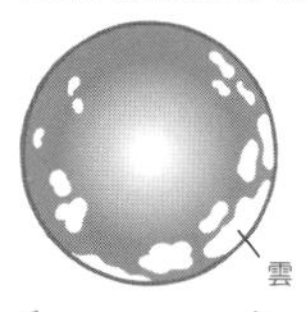

〔 晴れ 〕〔 くもり 〕〔 晴れ 〕

解説 2 空全体の広さを 10 としたとき，雲の量が０～８のときは「晴れ」，９～10 のときは「くもり」。

02 天気のようすはどうやって知るの？

1 次の問いに答えましょう。

(1) 全国の気象観測所からの観測データを集め，コンピュータでしょ理して気象台などに送るシステムを何といいますか。

〔 アメダス 〕

(2) (1)のシステムでは，風向・風速，気温，日照時間のほかに何の情報がわかりますか。

〔 雨量 〕

(3) 人工衛星のうち，気象観測を行っている衛星のことを何といいますか。

〔 気象衛星 〕

(4) (3)から地上に送られたデータをコンピュータでしょ理して，雲のようすをわかりやすく表したものを何といいますか。

〔 雲画像 〕

2 東京で強い雨がふっていたときのアメダスの雨量情報は，A，Bのどちらですか。

〔 B 〕

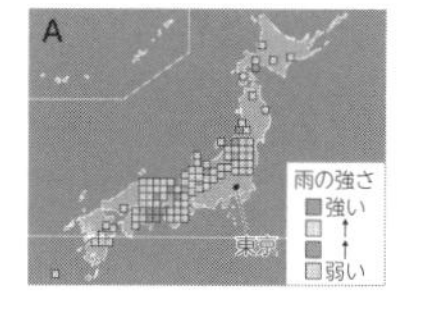

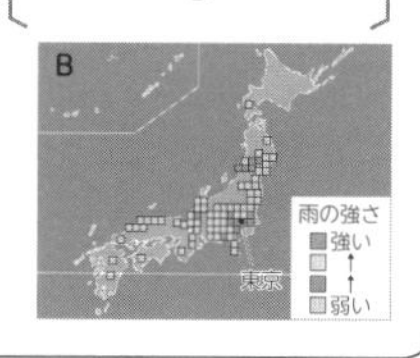

解説 2 Bの図では，強い雨を示す赤色や黄色の四角形が東京付近に集中している。

03 天気の変わり方には決まりがあるの？

1 次の問いに答えましょう。

(1) 日本付近では，雲はおよそどの方角からどの方角へ動きますか。

〔 西 から 東 〕

(2) 日本付近では，天気はおよそどの方角からどの方角へ変わっていきますか。

〔 西 から 東 〕

(3) 雲の動きと天気の変化は，関係がありますか，ありませんか。

〔 ある。 〕

(4) 自分の住んでいる地いきの天気を予想するとき，どの方角の天気に注目すればよいですか。

〔 西 〕

2 ある日の午後６時の雲画像です。次の日の朝，大阪の天気は，晴れ，くもり，雨のどれになると予想できますか。

〔 晴れ 〕

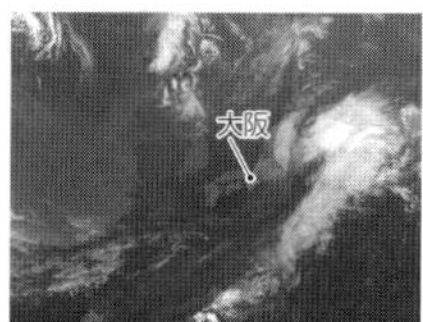

提供：気象庁

解説 2 天気は西から東へ変化する。大阪より西側には雲がないので，次の日の朝は晴れると考えられる。

04 台風が近づくと天気はどうなるの？

1 次の問いに答えましょう。

(1) 台風が近づくと，風や雨はどのようになりますか。

〔 強い風がふき，大量の雨がふる。 〕

(2) 台風は，陸の上と海の上，どちらで発生しますか。

〔 海の上 〕

(3) 台風が日本に近づくことが多いのは，１月から２月ごろ，８月から９月ごろのどちらですか。

〔 ８月から９月ごろ 〕

(4) 台風の予想進路図で，台風の中心が進むと予想されるはんいを示す円を何といいますか。

〔 予報円 〕

2 次の台風の予想進路図で，台風が沖縄県に最も近づくのは，10 月の何日から何日にかけてですか。

10月〔 4 〕日から

〔 5 〕日にかけて

最も近づく。

解説 2 予想進路図では，予報円は４日から５日にかけて沖縄県に近づいている。

05 大雨がふるとどうなるの？

1 次の問いに答えましょう。

(1) 短時間に大雨をふらせる雲は，らんそう雲，積らん雲のどちらですか。

〔 積らん雲 〕

(2) せまい地いきに短時間でふるはげしい雨を何といいますか。

〔 局地的大雨 〕

(3) 雨雲のようすや雨量(うりょう)情報を観測(かんそく)するレーダーを何といいますか。

〔 気象レーダー 〕

(4) 大雨により，川の水があふれて起こる災害を何といいますか。

〔 こう水 〕

(5) 数十年に一度の重大な災害が発生するおそれのあるときに発表される警報を何といいますか。

〔 特別警報 〕

2 大雨のときにしてはいけないことをア～エの中から１つ選びましょう。

ア 川の水の増え方を１人で観察しに行く。
イ インターネットで自分の住む地いきの雨量情報を調べる。
ウ ハザードマップで，ひ難場所やひなんする道を確(かく)にんする。
エ １時間ごとに，家の中から雨の強さを観察する。

〔 ア 〕

解説(かいせつ) 2 大雨のときには，川に近づいてはいけない。１人で外出せず，外のようすは家の中から観察する。

06 発芽に水は必要なの？

1 次の問いに答えましょう。

(1) 植物の種子が芽を出すことを何といいますか。

〔 発芽 〕

(2) 発芽に水が必要かどうかを調べる実験では，どの種子も同じ温度のあたたかい場所に置くことが必要ですか，必要ないですか。

〔 必要である。 〕

(3) 発芽に水が必要かどうかを調べる実験では，どの種子も同じように空気にふれていることが必要ですか，必要ないですか。

〔 必要である。 〕

(4) 種子の発芽には水が必要ですか，必要ないですか。

〔 必要である。 〕

2 インゲンマメの種子を次のように置いたとき，①の種子は発芽しましたが，②の種子は発芽しませんでした。これはなぜですか。

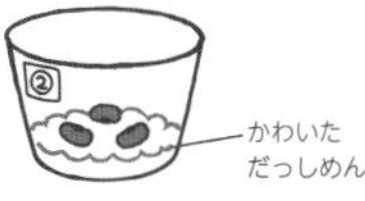

〔 発芽には水が必要だが，②には水がなかったから。 〕

解説(かいせつ) 2 種子(しゅし)の発芽(はつが)には水が必要である。かわいただっしめんには水がないから，種子は発芽しない。

07 発芽に空気や温度は必要なの？

本文21ページ

1 次の問いに答えましょう。

(1) 発芽に必要な３つの条件を書きましょう。

〔 水 〕〔 空気 〕〔 適当な温度 〕

(2) (1)の３つの条件のうちの１つが足りない場合，種子は発芽しますか，発芽しませんか。

〔 発芽しない。 〕

2 次の問いに答えましょう。

(1) あたたかい場所に置いた，次のインゲンマメの種子は発芽しませんでした。発芽に必要な条件のうち，足りないものは何ですか。

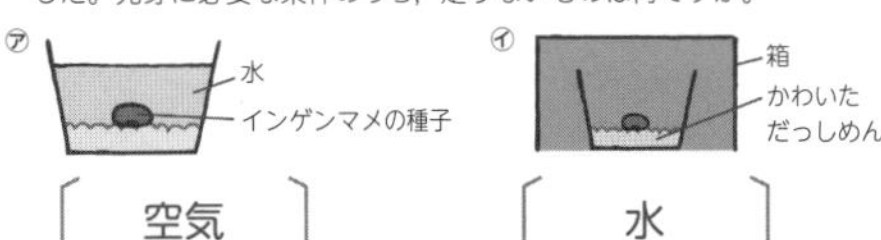

㋐〔 空気 〕　㋑〔 水 〕

(2) インゲンマメの種子を使って，発芽に適当な温度が必要かどうかを調べました。しかし，この実験では㋒，㋓で，ちがう条件が２つあるので，正確(せいかく)に調べることができません。適当な温度以外に，㋒にあって㋓にはない条件は何ですか。

〔 光（日光） 〕

解説(かいせつ) 2 (1) 種子(しゅし)の発芽(はつが)には水，空気，適当(てきとう)な温度が必要である。(2) ㋒は光があるが，㋓は光がない。

08 肥料をあたえなくても発芽するの？

本文23ページ

1 次の問いに答えましょう。

(1) ヨウ素液は，でんぷんを何色に変えますか。

〔 青むらさき色 〕

(2) 発芽前の種子と，発芽して成長した後の子葉を切って，切り口にヨウ素液をつけたとき，色が変わるのは，発芽前の種子，成長した後の子葉のどちらですか。

〔 発芽前の種子 〕

(3) 種子の発芽に肥料は必要ですか，必要ないですか。

〔 必要ない。 〕

2 次の問いに答えましょう。

(1) インゲンマメの種子で，でんぷんが多くふくまれている部分を何といいますか。また，その場所は㋐，㋑のうちのどちらでしょう。

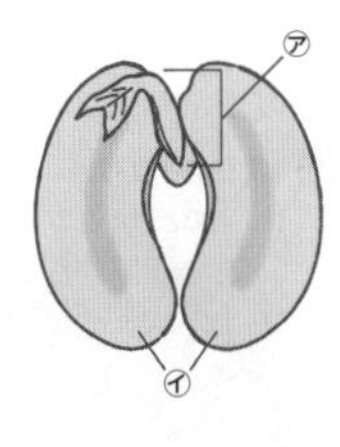

名前〔 子葉 〕

場所〔 ㋑ 〕

(2) (1)にふくまれていたでんぷんは何に使われますか。

〔 発芽 〕

解説(かいせつ) 2 インゲンマメの種子(しゅし)は，子葉(しよう)にでんぷんがふくまれていて，発芽(はつが)のときの養分として使われる。

09 植物が元気に育つには何が必要？

1 次の問いに答えましょう。

(1) インゲンマメのなえAは日光の当たる場所で，なえBは箱をかぶせて日光が当たらないようにして，どちらにも水と肥料をあたえて育てました。このとき，葉の色がこい緑色になるのは，AとBのどちらですか。

〔 A 〕

(2) (1)のとき，せが低く，くきが細く弱々しい感じに育つのは，AとBのどちらですか。

〔 B 〕

(3) 植物がじょうぶに成長するために，日光は必要ですか，必要ないですか。

〔 必要である。 〕

(4) インゲンマメのなえCは肥料をあたえないで，なえDは肥料をあたえて，どちらも日光の当たる場所で水をあたえて育てました。葉の緑色がうすく，まい数が少ないのは，CとDのどちらですか。

〔 C 〕

2 インゲンマメのなえを図のようにして育てたら，葉が小さくて，せも低く全体的に小さな感じに育ちました。大きく育てるにはどうしたらよいですか。

〔 肥料をあたえる。 〕

解説 2 インゲンマメが元気に大きく育つためには，発芽の条件と日光のほかに，肥料が必要である。

10 おすとめすはどう見分けるの？

1 次の問いに答えましょう。

(1) せびれに切れこみのあるメダカは，おすですか，めすですか。

〔 おす 〕

(2) しりびれの後ろのはばが短いメダカは，おすですか，めすですか。

〔 めす 〕

(3) たまご（卵）と精子が結びつくことを何といいますか。

〔 受精 〕

(4) 精子と結びついたたまごのことを何といいますか。

〔 受精卵 〕

2 図のようなメダカを1ぴき飼っています。もう1ぴき入れて，たまごを産ませてメダカをふやしたいと思います。おす，めすのどちらを入れればよいですか。

〔 おす 〕

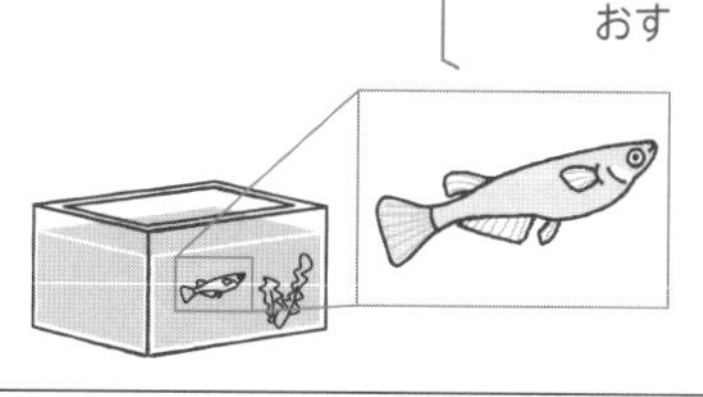

解説 2 図のメダカは，せびれやしりびれの形からめすである。メダカをふやすには，おすを入れる。

11 たまごはどのように育つの？

1 次の問いに答えましょう。

(1) たまごの変化のようすを立体的に観察できるのは，解ぼうけんび鏡，そう眼実体けんび鏡のどちらですか。

〔 そう眼実体けんび鏡 〕

(2) メダカのからだのもとになるものができ始めるのは，受精から数時間後，1日後のどちらですか。

〔 数時間後 〕

(3) メダカの受精卵が育っていくときに，目と心ぞうは，どちらが先に観察できますか。

〔 目 〕

2 ㋐，㋑，㋒は，受精してから4日後までに観察したメダカのたまごのスケッチです。次の問いに答えましょう。

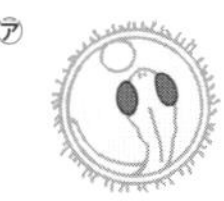

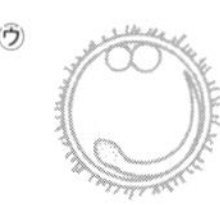

(1) たまごの中のメダカが育つ順に記号を書きましょう。

〔 ㋑ → ㋒ → ㋐ 〕

(2) たまごの中のメダカが育つための養分は，どこにありますか。

〔 たまごの中 〕

解説 2 (2) たまごの中のメダカは，たまごの中にある養分を使って育つ。

12 メダカはどうやって育つの？

1 次の問いに答えましょう。

(1) 子メダカがたまごのまくをやぶって出てくることを，何といいますか。

〔 ふ化 〕

(2) ふ化したばかりの子メダカのはらにはふくろがあります。このふくろに入っているのは，水と養分のどちらですか。

〔 養分 〕

(3) メダカを飼う水そうには，くんだばかりの水道水，くみ置きの水道水のどちらを入れますか。

〔 くみ置きの水道水 〕

(4) メダカを飼う水そうは，日光がよく当たる場所，日光が直接当たらない場所のどちらに置きますか。

〔 日光が直接当たらない場所 〕

2 子メダカのはらのふくろは，ふ化してから1日たつと，図のように小さくなっていました。なぜ小さくなったのか，理由を書きましょう。

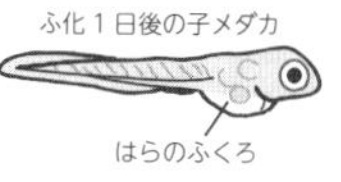

〔 中の養分が使われたから。 〕

解説 2 子メダカは，ふ化してから2〜3日の間は，はらのふくろの中の養分を使って育つ。

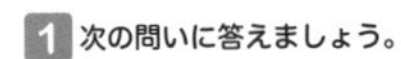

13 けんび鏡を使いこなそう！

本文35ページ

1 次の問いに答えましょう。

(1) けんび鏡のレンズのうち，目を近づけてのぞくレンズを何といいますか。

〔 接眼レンズ 〕

(2) けんび鏡で，明るく見えるようにするときに動かす鏡を何といいますか。

〔 反しゃ鏡 〕

2 次の問いに答えましょう。

(1) けんび鏡でピントを合わせるとき，対物レンズとプレパラートの間は近づけていきますか，はなしていきますか。

〔 はなしていく。 〕

(2) (1)のようなそうさをするのはなぜですか。

〔 対物(たいぶつ)レンズがプレパラートに当たって，きずつくのを防(ふせ)ぐため。 〕

(3) けんび鏡で見たときに，図のように左はしに見えているものを中央に動かしたいとき，プレパラートはどの方向に動かしますか。

〔 左 〕

解説 **2** (1)(2) 対物レンズがプレパラートに当たらないように，はなしながらピントを合わせる。

14 めばなとおばなって何がちがうの？

本文39ページ

1 次の問いに答えましょう。

(1) アブラナの花の中央に１本ある花の部分を何といいますか。

〔 めしべ 〕

(2) 花には，おしべ，めしべ，花びらのほかに，もうひとつの部分があります。その部分のことを何といいますか。

〔 がく 〕

(3) ヘチマの２種類の花のうち，おしべだけがある花を何といいますか。

〔 おばな 〕

(4) ヘチマの２種類の花のうち，めしべだけがある花を何といいますか。

〔 めばな 〕

2 アサガオの花にあって，ヘチマのおばなにはない花の部分は何ですか。アサガオの花の図から選んで答えましょう。

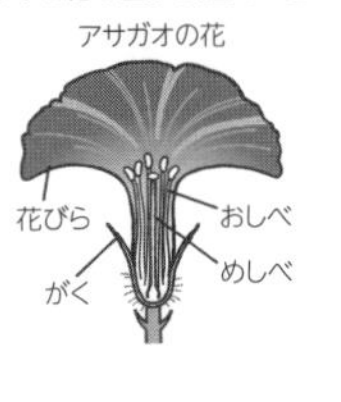

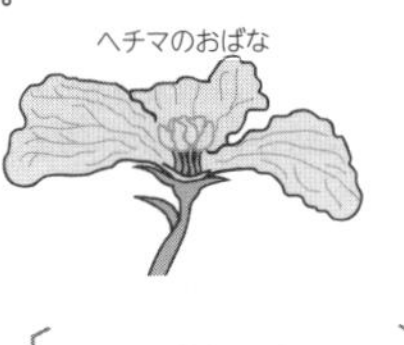

〔 めしべ 〕

解説 **2** ヘチマのおばなには，おしべはあるが，めしべはない。

15 花粉って何のためにあるの？

本文41ページ

1 次の問いに答えましょう。

(1) 花粉はどこでつくられますか。

〔 おしべ 〕

(2) アサガオでは，花粉がめしべの先にたくさんついているのは，つぼみのとき，花がさいたときのどちらですか。

〔 花がさいたとき 〕

(3) ヘチマのおばなのおしべでつくられた花粉は，おもに何によって，めばなのめしべの先に運ばれますか。

〔 こん虫 〕

(4) めしべの先に花粉がつくことを何といいますか。

〔 受粉 〕

2 図はアサガオの花をたてに切ったものです。花粉がつくられるのは㋐，㋑のどちらですか。また，受粉が行われるのは，㋐，㋑のどちらですか。

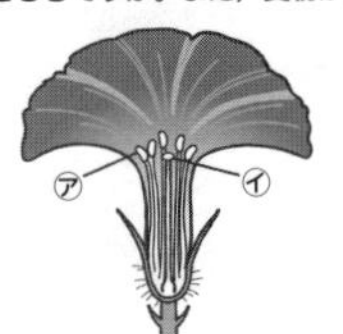

花粉がつくられるところ〔 ㋐ 〕

受粉が行われるところ〔 ㋑ 〕

解説 **2** 花粉(かふん)がつくられるのはおしべで，受粉(じゅふん)が行われるのはめしべの先である。

16 アサガオは受粉した後どうなるの？

本文43ページ

1 次の問いに答えましょう。

(1) アサガオの花では，実ができるのは受粉した花，受粉しなかった花のどちらですか。

〔 受粉した花 〕

(2) 受粉が行われると，実になるのはどこですか。

〔 めしべ（のもと） 〕

(3) 実の中にできて，生命を受けついでいくはたらきをするものは何ですか。

〔 種子 〕

2 アサガオを受粉させるときと受粉させないときを比(くら)べる実験について，次の問いに答えましょう。

(1) 花が開く前にある部分をとりのぞきます。それは何ですか。

〔 おしべ 〕

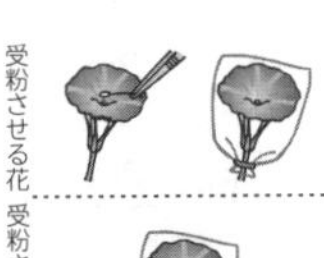

(2) 受粉させる花も受粉させない花も，花がしぼむまでふくろをかぶせておくのはなぜですか。

〔 ほかのアサガオの花粉が(虫や風によって運ばれて)，めしべの先につくのを防(ふせ)ぐため。 〕

解説 **2** (2) ふくろをかぶせておかないと，ほかのアサガオの花粉(かふん)がめしべの先についてしまう。

17 ヘチマは受粉した後どうなるの？ 本文45ページ

1 次の問いに答えましょう。

(1) ヘチマが受粉した後どうなるかを調べる実験で，ふくろをかぶせるのは，おばな，めばなのどちらですか。

〔 めばな 〕

(2) ふくろをかぶせるのは，つぼみのときからですか，花がさいたときからですか。

〔 つぼみのときから 〕

(3) 受粉しためばなには実ができますか，できませんか。

〔 できる。 〕

2 図のように，ヘチマのおばなとめばなのつぼみにふくろをかぶせておくと，花が開きました。次の問いに答えましょう。

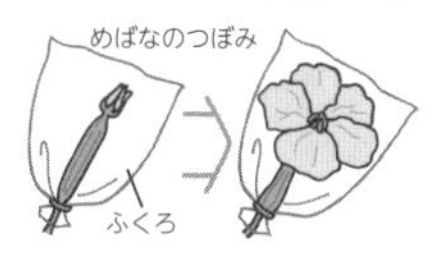

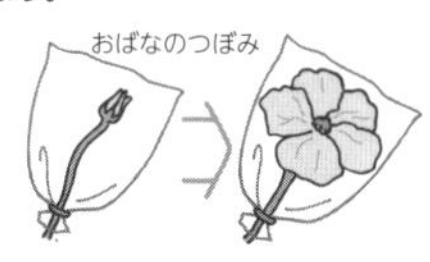

(1) この後，実になるようにするにはどうしますか。

〔 ふくろをとって，おばなの花粉をめばなのめしべの先につける。 〕

(2) 実になるのは，めばなのどの部分ですか。

〔 めしべ（のもと） 〕

解説 **2** (1) 実になるには，受粉が必要である。
(2) めしべのもとがふくらんで，実になる。

18 赤ちゃんはどのように生まれるの？ 本文49ページ

1 次の問いに答えましょう。

(1) 女性の体内でつくられるのは，卵，精子のどちらですか。

〔 卵 〕

(2) 卵と精子が結びつくことを，何といいますか。

〔 受精 〕

(3) 女性のからだの中で，赤ちゃんが育つところを何といいますか。

〔 子宮 〕

(4) 人の卵の直径は約 1 mm，約 0.14 mm のどちらですか。

〔 約 0.14 mm 〕

2 右の図は人の卵と精子のようすです。次の問いに答えましょう。

(1) 卵は㋐，㋑のどちらですか。

〔 ㋑ 〕

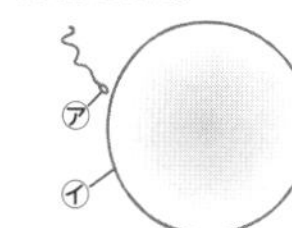

(2) 精子と結びついた卵のことを何といいますか。

〔 受精卵 〕

解説 **2** (1) 人の卵の直径は約 0.14 mm だが，精子の長さは卵の直径の半分以下で，卵よりさらに小さい。

19 赤ちゃんはどのように成長するの？ 本文51ページ

1 次の問いに答えましょう。

(1) 子宮の中で育っている赤ちゃんを何といいますか。

〔 たい児 〕

(2) 人の赤ちゃんは，受精後およそ何週間で生まれてきますか。

〔 38 週間 〕

(3) 生まれたばかりの赤ちゃんの体重は，およそ 300 g，3000 g のどちらですか。

〔 3000 g 〕

2 子宮の中で育っている赤ちゃんについて，次の問いに答えましょう。

(1) 次の**ア**～**エ**の文を，子宮の中で赤ちゃんが育つ順にならべましょう。

ア 手足の形がはっきりし，からだを動かし始める。
イ からだの形や顔のようすがはっきりする。
ウ 子宮の中で回転しなくなる。
エ 心ぞうが動き始める。

〔 エ → ア → イ → ウ 〕

(2) (1)の**ウ**の時期の赤ちゃんを表した図は，A，Bのどちらですか。

A
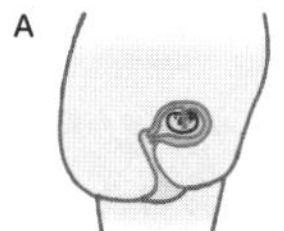
B

〔 B 〕

解説 **2** (2) 受精後 36 週目ごろになると，赤ちゃんは，子宮の中で回転できないほど大きくなる。

20 子宮の中はどうなっているの？ 本文53ページ

1 次の問いに答えましょう。

(1) 子宮の中を満たしている液体のことを何といいますか。

〔 羊水 〕

(2) たいばんと赤ちゃんをつなぎ，養分やいらなくなったものが通る管を何といいますか。

〔 へそのお 〕

(3) 受精卵が母親から養分をもらって育つのは，人，メダカのどちらですか。

〔 人 〕

2 図は子宮の中の赤ちゃんのようすです。次の問いに答えましょう。

(1) A，Bの部分をそれぞれ何といいますか。

A〔 たいばん 〕

B〔 へそのお 〕

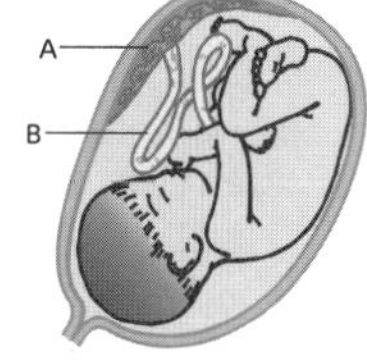

(2) Aの説明として正しいものを，選びましょう。

ア 養分などの必要なものやいらなくなったものが通る管。
イ 母親からの養分などの必要なものと赤ちゃんからのいらなくなったものを交かんする。
ウ 外部からのしょうげきをやわらげて赤ちゃんを守る。

〔 イ 〕

解説 **2** (2) たいばんでは，赤ちゃんが必要なものと，赤ちゃんがいらなくなったものを交かんする。

21 流れる水にはどんなはたらきがあるの？ 本文57ページ

1 次の問いに答えましょう。

(1) 流れる水のはたらきで，地面をけずるはたらきのことを何といいますか。
〔 しん食 〕

(2) (1)のはたらきが大きいのは，流れの速いところ，おそいところのどちらですか。
〔（流れの）速いところ 〕

(3) 流れる水のはたらきで，けずられた土や石を運ぶはたらきのことを何といいますか。
〔 運ぱん 〕

(4) 流れる水のはたらきで，運ばれた土や石を積もらせるはたらきのことを何といいますか。
〔 たい積 〕

2 三角州（さんかくす）という地形は，海の近くに土や石がたい積してできます。図1から図2のように，河口（かこう）付近に土や石がたい積するのはどうしてですか。「速さ」ということばを使って説明しましょう。

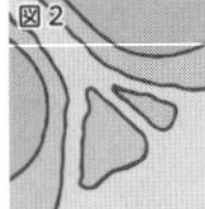

〔 流れの速さがおそくなり，たい積のはたらきが大きくなったから。 〕

解説（かいせつ） 2 海の近くを流れる川は流れがおそいため，たい積（せき）のはたらきが大きくなり，土や石がたい積する。

22 流れる水が増えるとどうなるの？

1 次の問いに答えましょう。

(1) 流れる水の量が増えると，水の流れは速くなりますか，おそくなりますか。
〔 速くなる。 〕

(2) 流れる水の量が増えると，流れる水が地面をけずるはたらきは大きくなりますか，小さくなりますか。
〔 大きくなる。 〕

(3) 流れる水の量が増えると，流れる水が土を運ぶはたらきは大きくなりますか，小さくなりますか。
〔 大きくなる。 〕

(4) 流れる水の量が増えると，流れのおそいところで積もる土の量は増えますか，減りますか。
〔 増える。 〕

2 雨がふった後に，川の水がにごっていました。この理由を，「しん食」「運ぱん」「たい積」のうちの2つの言葉を使い，説明しましょう。

©アフロ

〔 川の水が増えたことにより，しん食と運ぱんのはたらきが大きくなり，地面が大きくけずられ，運ばれる土の量が増えたから。 〕

解説（かいせつ） 2 川の水がにごっているのは，水の中にたくさんの土がふくまれているためである。

23 曲がっているところではどうなるの？ 本文61ページ

1 次の問いに答えましょう。

(1) 水が曲がって流れているところで，流れが速いのは，内側と外側のどちらですか。
〔 外側 〕

(2) 水が曲がって流れているところで，岸の土がけずられて運ばれるのは，内側と外側のどちらですか。
〔 外側 〕

(3) 水が曲がって流れているところで，岸が川原になっているのは，内側と外側のどちらですか。
〔 内側 〕

(4) 水が曲がって流れているところで，川底が深いのは，内側と外側のどちらですか。
〔 外側 〕

2 水の流れが図のようになっているときに，運ばれてきた土が積もっているところはどこですか。㋐〜㋓から2つ選びましょう。

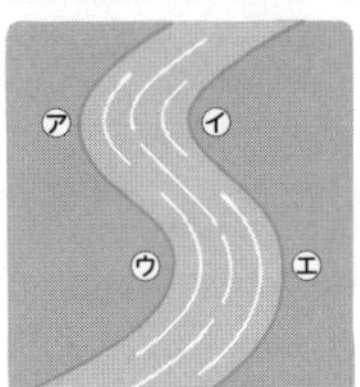

〔 ㋑，㋒ 〕

解説（かいせつ） 2 水が曲がって流れているところでは，内側は流れがおそく，岸に土が積もる。

24 川は山の中と海の近くで何がちがうの？

1 次の問いに答えましょう。

(1) 山の中，平地に出たあたり，海の近くのうち，川の流れがいちばん速いのはどこですか。
〔 山の中 〕

(2) 山の中，平地に出たあたり，海の近くのうち，川はばがいちばん広いのはどこですか。
〔 海の近く 〕

(3) 山の中，平地に出たあたり，海の近くのうち，たい積のはたらきがいちばん大きいのはどこですか。
〔 海の近く 〕

2 山の中と海の近くで，川岸の石の形を比（くら）べました。次の問いに答えましょう。

山の中

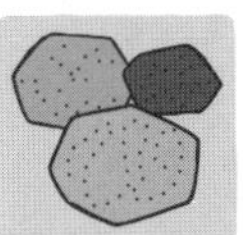

海の近く

(1) 山の中と比べたとき，海の近くの石の形の特ちょうは何ですか。
〔 小さくてまるみがある。 〕

(2) 海の近くの石の形が(1)のような特ちょうをもつのはなぜですか。
〔 流されるときに石どうしがぶつかり合って，われたり，角がとれたりするから。 〕

解説（かいせつ） 2 (2) 石は，水に流されるときに石どうしがぶつかって，われたり，角がとれたりしてまるくなる。

25 日本はこう水が起こりやすいの？ 

1 次の問いに答えましょう。

(1) 日本の川は，世界のほかの国ぐにの川と比べて，流れが速いですか，おそいですか。

〔 速い。 〕

(2) 大雨で川の水があふれて，畑や家が水につかる災害を何といいますか。

〔 こう水 〕

(3) 大雨がふったときにこう水が起こらないよう，川の水の量を調節するしせつを何といいますか。ダム以外に２つ答えましょう。

〔 遊水池 〕〔 地下調節池 〕

(4) こう水のひ害を小さくするために，土やすなが一度に流れるのを防ぐしせつを何といいますか。

〔 さぼうダム 〕

2 写真のような川岸に置かれた護岸ブロックは，流れる水の何というはたらきから川岸を守っていますか。

〔 しん食 〕

解説 2 護岸ブロックは，川岸がけずられるのを防いで，しん食のはたらきから川岸を守っている。

26 水にとけるってどういうこと？ 

1 次の問いに答えましょう。

(1) コーヒーシュガーを水に入れてかき混ぜたら，茶色いとうめいな液になりました。コーヒーシュガーは水にとけていますか，とけていませんか。

〔 とけている。 〕

(2) (1)のとうめいな液の色のこさは，どこも同じですか，それとも場所によってちがいますか。

〔 どこも同じ。 〕

(3) かたくり粉を水に入れてかき混ぜたら，白いものがしずみました。かたくり粉は水にとけていますか，とけていませんか。

〔 とけていない。 〕

(4) ものが水にとけた液を何といいますか。

〔 水よう液 〕

2 土を水の入ったビーカーに入れ，よくかき混ぜて，そのまま１時間置きました。次の問いに答えましょう。

(1) 土は水にとけるといえますか。

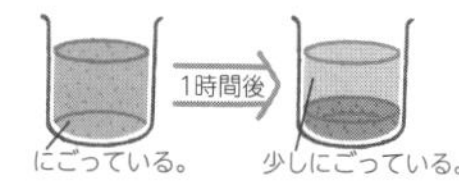

〔 いえない。 〕

(2) (1)で，そう考えた理由を書きましょう。

〔 液がすき通っていないから。 〕

解説 2 水に土を入れてかき混ぜても，すき通った液にならないので，土は水にとけていない。

27 水にとけたものはどうなったの？ 本文71ページ

1 次の問いに答えましょう。

(1) 食塩水を，１てきスライドガラスの上にのせ，日光の当たるところに置いて水をじょう発させると，白いつぶが出てきました。このつぶは何ですか。

〔 食塩 〕

(2) (1)のことから，食塩水の中の食塩は，なくなっていますか，水の中にありますか。

〔 水の中にある。 〕

(3) 100 g の水に 50 g のさとうをとかしてさとう水を作りました。さとう水の重さは何 g ですか。

〔 150 g 〕

2 食塩をとかす前ととかした後の全体の重さを比べる実験をしました。次の問いに答えましょう。

(1) 食塩をとかす前の全体の重さを，図のように電子てんびんではかりました。食塩をとかした後の重さのはかり方として正しいのは㋐，㋑のどちらですか。

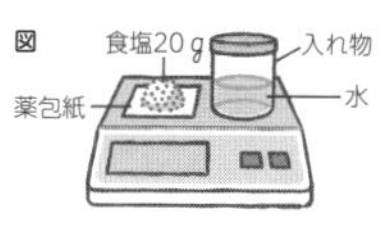

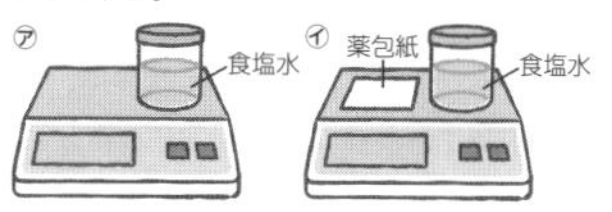

〔 ㋑ 〕

(2) 図で，全体の重さは 145 g でした。食塩を水にとかした後の全体の重さは何 g ですか。

〔 145 g 〕

解説 2 (2) 食塩を水にとかす前と水にとかした後では，全体の重さは変わらない。

28 水の量が増えるとどうなるの？ 本文73ページ

1 次の問いに答えましょう。

(1) 決まった量の水にものをとかすとき，とけるものの量には限りがありますか，ありませんか。

〔 ある。 〕

(2) 50 mL の水に食塩とミョウバンをできるだけ多くとかすとき，とける食塩とミョウバンの量は同じですか，ちがいますか。

〔 ちがう。 〕

(3) 100 mL の水にとける食塩の量は，50 mL の水にとける食塩の量の何倍ですか。

〔 2 倍 〕

(4) 100 mL の水にミョウバンが計量スプーンで４はいとけました。200 mL の水には何ばいとけますか。

〔 8 はい 〕

2 メスシリンダーの使い方について，次の問いに答えましょう。

(1) 目もりを読むときの目の位置は㋐～㋒のどれですか。

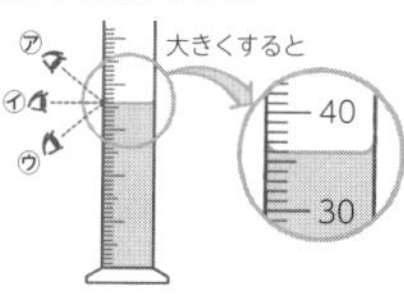

〔 ㋑ 〕

(2) メスシリンダーに入れた水の量は何 mL ですか。

〔 36 mL 〕

解説 2 (1) 液面のへこんだところを真横から見て，へこんだところと重なる目もりを読みとる。

29 水の温度が上がるとどうなるの？

1 次の問いに答えましょう。

(1) 水の温度を上げると，食塩のとける量は増えますか，ほとんど変化しませんか。

〔ほとんど変化しない。〕

(2) 水の温度を上げると，ミョウバンのとける量は増えますか，ほとんど変化しませんか。

〔増える。〕

2 20℃，40℃，60℃の水 50 mL に，食塩とミョウバンがそれぞれ計量スプーンで何ばいとけるかを調べて，グラフに表しました。次の問いに答えましょう。

(1) 20℃の水には，食塩とミョウバンのどちらが多くとけますか。

〔食塩〕

(2) 60℃の水 50 mL にミョウバンを計量スプーンで 10 ぱい入れてよくかき混ぜるとどうなりますか。次の**ア**，**イ**から選びましょう。

ア とけ残りが出る。
イ 全部とける。

〔イ〕

(3) 40℃の水 50 mL にミョウバンを計量スプーンで 8 ぱい入れると，とけ残りました。とけ残ったミョウバンをとかすには，水の量を増やす以外にどのような方法がありますか。

〔液をあたためる。〕

解説 2 (3) ミョウバンは，水の量が同じでも，水の温度を上げると，とける量が増える。

30 とけたものはとり出せないの？

1 次の問いに答えましょう。

(1) ミョウバンのとけた水よう液からミョウバンをとり出すには，水よう液の温度を上げますか，下げますか。

〔下げる。〕

(2) ミョウバンの水よう液にミョウバンのつぶが混ざった液をろ紙でこして，ミョウバンのつぶをとり出します。このそうさを何といいますか。

〔ろ過〕

(3) 食塩水から食塩をとり出すには，食塩水の温度を下げますか，水をじょう発させますか。

〔水をじょう発させる。〕

2 下の図のように，温度のちがう同じ量の水に，それぞれミョウバンをとけるだけとかしました。次の問いに答えましょう。

(1) 水よう液を 20℃まで冷やしたとき，ミョウバンがたくさん出てくるのは，㋐，㋑のどちらですか。

〔㋐〕

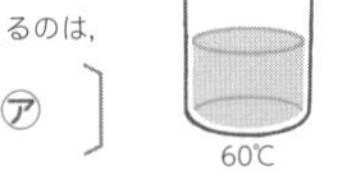
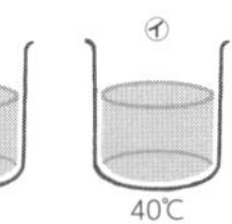

(2) 出てきたミョウバンを，右の図のようにろ紙を使ってとり出しました。図にはまちがっているところがあります。どのように直せばよいか書きましょう。

〔液をガラスぼうに伝わらせて注ぐ。〕

解説 2 (1) 60℃の水よう液のほうが，40℃の水よう液よりも，ミョウバンがたくさんとけている。

31 電磁石と磁石はどうちがうの？

1 次の問いに答えましょう。

(1) 導線を，同じ向きに何回もまいたものを何といいますか。

〔コイル〕

(2) (1)の中に鉄心を入れ，かん電池につないで電流を流すと，鉄心が磁石になります。これを何といいますか。

〔電磁石〕

(3) (2)に電流を流し，鉄のクリップを近づけると，クリップは鉄心全体につきますか，両はしにつきますか。

〔両はしにつく。〕

2 鉄のリサイクル工場では，電磁石を利用したクレーンを使って鉄のかたまりを運んでいます。このクレーンについて，次の問いに答えましょう。

© 植原直樹／アフロ

(1) 鉄を運んでいるときは，電磁石に電流が流れていますか，流れていませんか。

〔流れている。〕

(2) 目的の場所に鉄のかたまりを置くときには，電磁石に電流を流しますか，止めますか。

〔止める。〕

解説 2 電磁石を利用したクレーンでは，鉄を運ぶときだけ電流を流し，クレーンを電磁石にする。

32 電磁石にもN極とS極はあるの？

1 次の問いに答えましょう。

(1) 電磁石にはN極とS極がありますか，ありませんか。

〔ある。〕

(2) 電磁石の同じ極どうしは引き合いますか，しりぞけ合いますか。

〔しりぞけ合う。〕

2 次の問いに答えましょう。

(1) 次の図の電磁石の㋐はN極，S極のどちらですか。

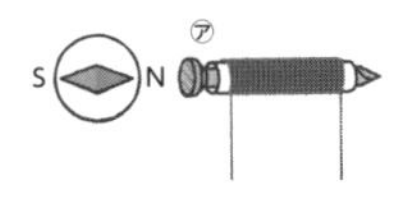

〔S極〕

(2) 同じ電磁石2個を使って，次のように極を近づけました。引き合うか，しりぞけ合うかを答えましょう。

①
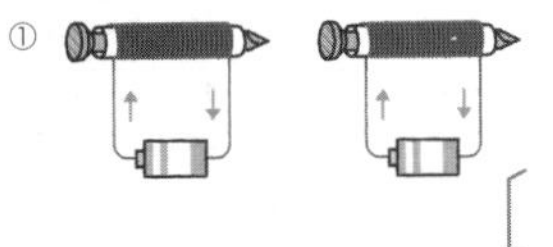

〔引き合う。〕

②
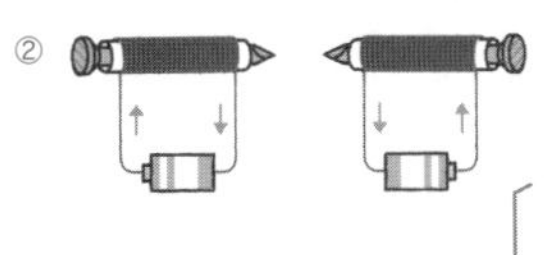

〔しりぞけ合う。〕

解説 2 (2) 磁石と同じように，電磁石も，同じ極どうしはしりぞけ合い，ちがう極どうしは引き合う。

33 電磁石の極は入れかえられないの？ 本文85ページ

1 次の問いに答えましょう。

(1) 電磁石につなぐかん電池の向きを逆にしたとき，電磁石のN極とS極は入れかわりますか，入れかわりませんか。

〔 入れかわる。 〕

(2) 電磁石のN極とS極を入れかえるには，コイルの導線のまき数を増やせばよいですか，導線をまく向きを逆にすればよいですか。

〔 導線をまく向きを逆にする。 〕

2 電磁石に電流を流し，電磁石の㋐のはしに方位磁針を近づけたら，方位磁針のS極が㋐に引きつけられました。次の問いに答えましょう。

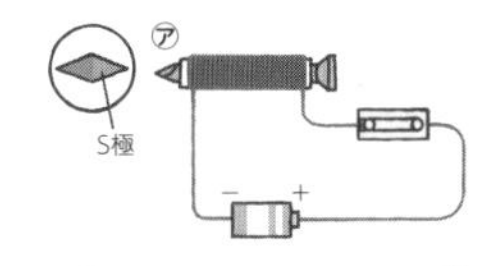

(1) 電磁石の㋐は何極になっていますか。

〔 N極 〕

(2) かん電池の向きを逆にして，スイッチを入れました。

① コイルに流れる電流の向きはどうなりますか。

〔 逆になる。 〕

② ㋐に引きつけられたのは，方位磁針の何極ですか。

〔 N極 〕

解説 2 (2) かん電池の向きを逆にすると，コイルに流れる電流の向きも逆になる。

34 電磁石の強さは変えられないの？ 本文87ページ

1 次の問いに答えましょう。

(1) 電磁石を強くするには，電流を大きくすればよいですか，小さくすればよいですか。

〔 大きくする。 〕

(2) 電磁石に流れる電流の大きさをはかりたいとき，電流計は回路に直列つなぎでつなぎますか，へい列つなぎでつなぎますか。

〔 直列つなぎ 〕

(3) かん電池の＋極側の導線は，電流計の＋たんし，−たんしのどちらにつなぎますか。

〔 ＋たんし 〕

2 次の問いに答えましょう。

(1) 電磁石がいちばん強くなるのは，**ア**〜**ウ**のどの場合ですか。

ア 電磁石にかん電池１個をつなぐ。
イ 電磁石に直列つなぎにしたかん電池２個をつなぐ。
ウ 電磁石にへい列つなぎにしたかん電池２個をつなぐ。

〔 イ 〕

(2) 図のように電流計の−たんしに導線をつなぐと，針が図のようにふれました。電流の大きさを読みとりましょう。

〔 350 mA 〕

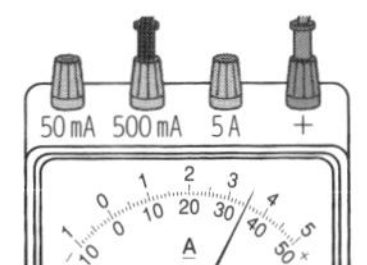

解説 2 (1) コイルに流れる電流がいちばん大きいのは，かん電池２個を直列つなぎにしたときである。

35 ほかにも電磁石を強くする方法はある？ 本文89ページ

1 次の問いに答えましょう。

(1) 電磁石を強くするには，コイルのまき数を多くすればよいですか，少なくすればよいですか。

〔 多くする。 〕

(2) 電磁石を強くするには，導線を太くすればよいですか，細くすればよいですか。

〔 太くする。 〕

2 図のように導線のまき数や太さを変えて，かん電池１個につないで電磁石の強さを比べました。次の問いに答えましょう。ただし，導線の長さは同じにしています。

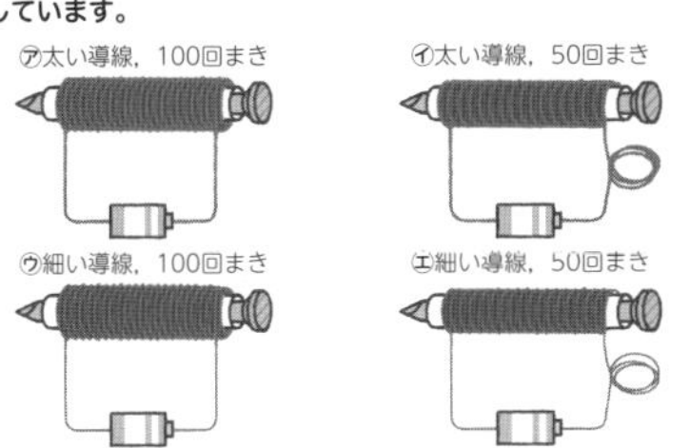

(1) 電磁石の強さと導線の太さの関係を調べるには，㋐とどれを比べればいいですか。

〔 ㋒ 〕

(2) 電磁石のはたらきがいちばん強いのは，どれですか。

〔 ㋐ 〕

解説 2 (2) 太い導線を使っていて，コイルのまき数が多い電磁石がいちばん強い。

36 電磁石は何に使われているの？ 本文91ページ

1 次の問いに答えましょう。

(1) モーターの中に電磁石は使われていますか，使われていませんか。

〔 使われている。 〕

(2) 電磁石のはたらきで車両をうかせたり，進めたりする乗り物を何といいますか。

〔 リニアモーターカー 〕

(3) スマートフォンの中にモーターは入っていますか，入っていませんか。

〔 入っている。 〕

2 モーターを利用したものを，次の中からすべて選びましょう。

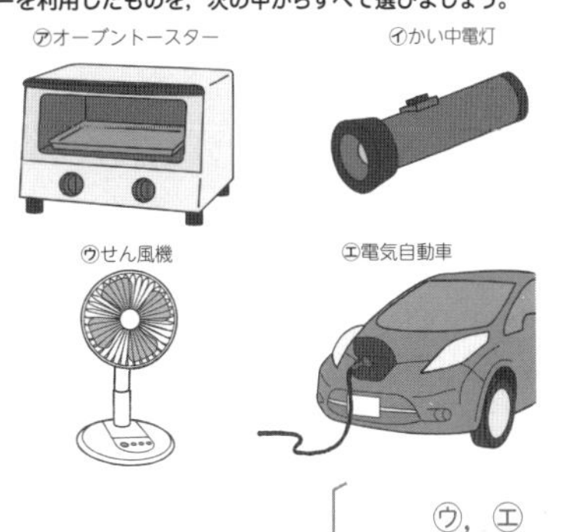

〔 ㋒，㋓ 〕

解説 2 せん風機や電気自動車の回転する部分に，モーターが使われている。

37 ふりこってどんなものなの？

1 次の問いに答えましょう。

(1) 糸におもりをつけて，おもりが左右にふれるようにしたものを何といいますか。

〔 ふりこ 〕

(2) (1)において，糸を固定している点を何といいますか。

〔 支点 〕

(3) (1)において，糸を固定している点からおもりの中心までの長さを何といいますか。

〔 ふりこの長さ 〕

2 ふりこが10往復する時間をはかると，右の表のようになりました。次の問いに答えましょう。

1回目	2回目	3回目
18秒	17秒	17秒

(1) ふりこが10往復する時間の平均を，小数第1位を四捨五入して整数で求めましょう。

〔 17秒 〕

(2) ふりこが1往復する時間の平均を，小数第1位まで求めましょう。

〔 1.7秒 〕

解説 2 (1) (18〔秒〕＋17〔秒〕＋17〔秒〕)÷3＝17.33…〔秒〕
小数第1位を四捨五入すると，17秒。

38 おもりの重さを変えたらどうなるの？

1 次の問いに答えましょう。

(1) おもりの重さとふりこの1往復する時間の関係を調べる実験では，ふりこの長さを変えてもよいですか，変えてはいけませんか。

〔 変えてはいけない。 〕

(2) おもりの重さとふりこの1往復する時間の関係を調べる実験では，ふりこのふれはばを変えてもよいですか，変えてはいけませんか。

〔 変えてはいけない。 〕

(3) ふりこのおもりを重くすると，ふりこが1往復する時間はどのようになりますか。

〔 変わらない。 〕

2 次の問いに答えましょう。

れいなさんのお姉さんの体重は45 kg，お母さんは65 kgで，せの高さはほとんど同じです。お姉さんとお母さんは，同じ長さのブランコに乗り，下の図のように，こがずに同じ位置からブランコをゆらしました。

(1) お姉さんとお母さんの乗ったブランコが1往復する時間は，どのようになりますか。

ア お姉さんのほうが長い。
イ お母さんのほうが長い。
ウ どちらも同じ。

〔 ウ 〕

(2) (1)のようになる理由をかんたんに書きなさい。

〔 ふりこが1往復する時間は，おもりの重さが変わっても同じだから。 〕

解説 2 ブランコの場合は，ブランコの長さをふりこの長さ，体重をおもりの重さとして考える。

39 ふりこの長さを変えたらどうなるの？

本文 99 ページ

1 次の問いに答えましょう。

(1) ふりこの長さとふりこの1往復する時間の関係を調べる実験では，おもりの重さやふれはばを変えてもよいですか，変えてはいけませんか。

〔 変えてはいけない。 〕

(2) ふりこの長さが長くなると，ふりこが1往復する時間はどのようになりますか。

〔 長くなる。 〕

2 次の問いに答えましょう。

(1) **図1**のようなふりこ時計では，おもりの位置を上げるとふりこの長さは長くなりますか，短くなりますか。

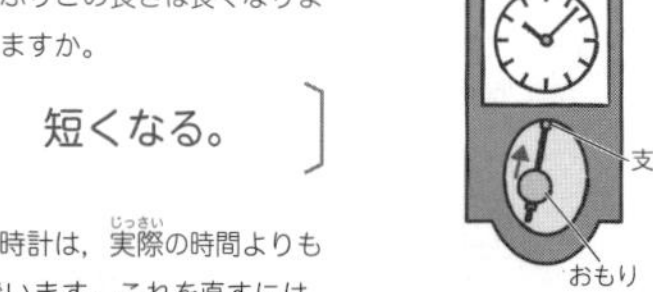

〔 短くなる。 〕

(2) **図1**のふりこ時計は，実際の時間よりも少し速く進んでいます。これを直すには，おもりの位置を上げればよいですか，下げればよいですか。

〔 下げる。 〕

(3) **図2**のようにメトロノームのおもりの位置を下げると，テンポは速くなりますか，おそくなりますか。

〔 速くなる。 〕

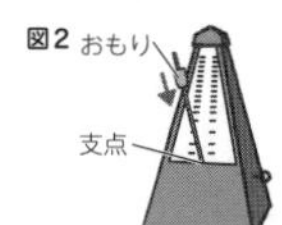

解説 2 (3) メトロノームの支点は下にあるので，おもりを下げるとふりこの長さが短くなる。

40 ふれはばを変えたらどうなるの？

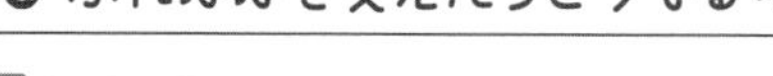

本文 101 ページ

1 次の問いに答えましょう。

(1) ふれはばが大きくなると，ふりこが1往復する時間はどのようになりますか。

〔 変わらない。 〕

(2) ふりこの1往復する時間を変えるには，おもりの重さ，ふりこの長さ，ふれはばのうち，どの条件を変えればよいですか。

〔 ふりこの長さ 〕

2 ㋐～㋔のように，条件をいろいろ変えて，ふりこが1往復する時間を調べました。次の問いに答えましょう。

	おもりの重さ	ふりこの長さ	ふれはば
㋐	10 g	10 cm	15°
㋑	30 g	20 cm	30°
㋒	30 g	20 cm	15°
㋓	10 g	20 cm	15°
㋔	50 g	30 cm	30°

(1) ふりこの長さとふりこが1往復する時間の関係を調べるには，㋐とどれを比べますか。

〔 ㋓ 〕

(2) ㋑と㋒を比べると，何とふりこが1往復する時間の関係を調べることができますか。

〔 ふれはば 〕

(3) 1往復する時間がいちばん短いのはどれですか。

〔 ㋐ 〕

解説 2 (3) ふりこの長さがいちばん短いふりこが，1往復する時間がいちばん短い。

復習テスト① (本文16～17ページ)

1 (1) イ　(2) ウ
(3) 雲

ポイント

(1) 空の低いところで発生し，横に広がる雲はらんそう雲です。らんそう雲は雨雲ともよばれ，長時間広いはんいに雨をふらせます。

(2) 高く大きく広がる雲は積らん雲です。積らん雲は入道雲（かみなり雲）ともよばれ，短時間に大量の雨やひょうをふらせ，かみなりが発生することもあります。

(3) 「晴れ」と「くもり」は空をおおう雲の量で決めます。空全体の広さを 10 として，雲の量が 0 ～ 8 は晴れ, 9 ～ 10 はくもりです。

2 (1) ウ
(2) エ

ポイント

(1) 図 1 は雲画像で, 雲のようすがわかります。

(2) 図 2 は各地で 1 時間にふった雨の量を表します。

3 (1) ㋑→㋐→㋒
(2) 晴れ

ポイント

(1) 日本付近では，雲は西から東へ動きます。雲のかたまりに注目すると，日本列島をおおっている雲が，しだいに東の海上へ移動しています。

(2) ㋒の雲画像で，大阪の西側にはほとんど雲がないので, 次の日は晴れると予想できます。

4 (1) 台風　(2) (日本付近の) 南（の海上から）北（や東に動いていく。）
(3) 強くなる。　(4) ア，エ

ポイント

(2) 南の海上で発生した台風は西に進み，しだいに北や東に向きを変えて日本付近に近づきます。

復習テスト② (本文26～27ページ)

1 (1) ㋑，㋔，㋕　(2) ㋐（と）㋑
(3) ㋓（と）㋕
(4) 水，空気，適当な温度

ポイント

(1)(4) 種子が発芽するためには，水，空気，適当な温度の 3 つの条件が必要です。どれか 1 つでも足りないと，種子は発芽しません。

(2) 水の条件だけがちがうものどうしを比べます。

(3) 温度だけがちがうものどうしを比べます。

2 (1) ウ　(2) 養分（でんぷん）
(3) 子葉

ポイント

(2)(3) B の部分は子葉といいます。B の部分にふくまれている養分（でんぷん）が，発芽のときに使われます。

3 (1) でんぷん　(2) 青むらさき色
(3) ㋑
(4) でんぷんがほとんどなくなっているから（でんぷんが発芽に使われたから)。

ポイント

(1)(2) ヨウ素液は，でんぷんがあるかないかを調べる薬品です。でんぷんがあると，うすい茶色から青むらさき色に変化します。

(3)(4) 種子の子葉の部分にふくまれているでんぷんは，発芽のときに使われてしまうため，㋑ではヨウ素液の色はあまり変化しません。

4 (1) ㋑
(2) ㋐と㋑…肥料　㋑と㋓…日光

ポイント

(1) 植物がよく成長するには日光と肥料が必要です。水，空気，適当な温度も，発芽のときと同じように必要です。

(2) どの条件がちがっているかに注目します。

復習テスト③ (本文36～37ページ)

1
(1) B
(2) イ，ウ

ポイント

(1) せびれに切れこみがあるのがおす，ないのがめすです。また，しりびれは，後ろのはばが長いのがおす，短いのがめすです。

(2) 水を毎日とりかえると，水そうの中の水のようすがたえず変化するため，メダカがつかれてしまいます。水がよごれたら，半分くらいをくみ置きの水と入れかえます。

2
(1) ㋒→㋑→㋓→㋔→㋐
(2) ①…㋐　②…㋓　③…㋑

ポイント

(1)(2) メダカのたまごは次のように育ちます。受精(じゅせい)直後（㋒）…あわのようなものが全体に散らばっている。数時間後（㋑）…からだのもとになるものができる。２日後（㋓）…からだの形ができてくる。４日後（㋔）…目ができ始める。7日後（㋐）…心ぞうが動き出し，血液(けつえき)の流れが見える。

3
(1) ふ化(か)　(2) ㋐　(3) **養分**
(4) **はらのふくろの中の養分が使われたため。**

ポイント

(2)(3)(4) ふ化したばかりの子メダカのはらには，養分の入ったふくろがあり，２～３日の間はふくろの中の養分を使って育ちます。

4
(1) ㋐…**接眼(せつがん)レンズ**　㋑…**対物(たいぶつ)レンズ**
㋒…**反(はん)しゃ鏡(きょう)**
(2) ①…**近づけ**　②…**プレパラート**
③…**遠ざけ**

ポイント

(2) 対物レンズとプレパラートがぶつかって，対物レンズがきずつくのを防(ふせ)ぐためのそうさです。

復習テスト④ (本文46～47ページ)

1
(1) ㋐…**おしべ**　㋑…**めしべ**　㋒…**がく**
㋓…**花びら**　㋔…**おしべ**　㋕…**がく**
㋖…**めしべ**
(2) ①…**おばな**　②…**めばな**
(3) ウ，エ

ポイント

(1)(2) ヘチマの花は，おしべがあってめしべがないおばな（①），めしべがあっておしべがないめばな（②）の２種類があります。

(3) ほかに，おばなとめばなをもつ植物には，キュウリ，ヒョウタンなどがあります。

2
(1) **受粉(じゅふん)**
(2) ア，エ

ポイント

(1) めしべの先におしべの花粉(かふん)がつくことを受粉といいます。

(2) おもに風が花粉を運ぶ植物の花は，目立たず，みつやかおりがありません。

3
(1) **おしべ，めしべ**
(2) **花粉が運ばれてきて，めしべの先につくことを防(ふせ)ぐため。**　(3) ㋐
(4) ㋒…**ふくらんで実になる。**
㋓…**しぼんでかれる。**

ポイント

(1) アサガオは，花が開く直前におしべがのびてきて，自分でめしべの先に花粉をつけます。そのため，花が開いてからおしべをとりのぞいても，正しい実験ができません。

(2) おしべをとりのぞいても，ほかの花から花粉が運ばれて受粉してしまうと，正しい実験ができません。

(3) 受粉した㋐の花は，めしべのもとの部分がふくらんで実ができます。受粉しなかった㋑の花は，実ができずにかれてしまいます。

(4) ヘチマもアサガオと同じように，受粉した花は実がなり，受粉していない花はかれます。

復習テスト⑤ (本文54～55ページ)

1 (1) A…精子　B…卵（卵子）
(2) 受精卵　(3) A…イ，エ　B…ア，ウ

ポイント

(1)　Aは精子，Bは卵（卵子）です。
(2)　精子と卵が結びつくことを受精といい，受精した卵は，受精卵といいます。
(3)　卵は，直径約 0.14 mm，精子は長さ約 0.06 mm です。卵は動くことができませんが，精子はおを使って動きます。

2 (1) A…子宮　B…たいばん
C…へそのお　D…羊水
(2) イ，ウ

ポイント

(1)(2)　母親のからだの中のたい児が育つところを子宮（A）といいます。子宮の中のたい児は，ひものようなへそのお（C）によってたいばん（B）につながり，子宮の中を満たしている羊水（D）という液体の中でうかんで成長します。たい児は，たいばんとへそのおを通して，成長に必要な養分などを母親から受け取っています。

3 (1) A…エ　B…イ　C…ウ　D…ア
(2) ウ　(3) ウ　(4) イ

ポイント

(1)　たい児は次のような順で成長します。約4週目…心ぞうが動き始める。約8週目…目や耳ができ，手足の形がはっきりとわかる。約16週目…男女の区別ができる。約24週目…手足のきん肉が発達して，からだを回転させてよく動く。約36週目…からだが回転できないほど大きく成長する。
(2)(3)(4)　ふつう，受精してから約38週（266日）後に，成長した子どもが生まれてきます。生まれた直後の子どもは，体重約3000 g，身長約50 cmです。

復習テスト⑥ (本文66～67ページ)

1 (1) ㋐　(2) ㋐
(3) A

ポイント

(1)(2)　かたむきが急なところほど水の流れは速くなり，土がけずられ，みぞが深くなります。
(3)　曲がって流れているところの外側は水の流れが速く，より多くの土がけずられます。

2 (1) イ　(2) ウ　(3) ア
(4) A…ア　B…イ

ポイント

(2)　大雨がふった後は，水の量が増えて，しん食と運ぱんのはたらきが大きくなります。このうち，土や石を流す（運ぶ）のは運ぱんのはたらきです。
(4)　Aは，流れがゆるやかな海の近くで，たい積のはたらきによってできた土地です。Bは，流れの速い山の中で，しん食のはたらきによってできた谷です。

3 (1) 山の中　(2) ㋐
(3) ㋑　(4) ア

ポイント

(1)(2)(3)　山の中（上流）は，土地のかたむきが急で流れが速く，両岸ががけのところが多くなります。海の近く（下流）は，流れがゆるやかで，運ばれてきたすなや小石がたい積して川原ができます。
(4)　上流の石は大きく角ばっています。下流に運ばれる間に，小さくまるくなっていきます。

4 (1) ㋐　(2) B，C
(3) イ

ポイント

曲がって流れているところの内側は流れがおそく，岸は川原になり，川底は浅くなります。外側は流れが速く，岸はがけになり，川底は深くなります。

復習テスト⑦ (本文78～79ページ)

1 (1) 水よう液　(2) ア
(3) 130 g

ポイント

(3) 「水の重さ＋とけたものの重さ＝水よう液の重さ」なので，Bの液の重さは，100〔g〕＋30〔g〕＝130〔g〕

2 (1) A　(2) 2倍
(3) ア，ウ

ポイント

(1) 水の量がいちばん少ないAが，とける量が最も少なく，とけ残りが多いです。

(2) Cの水の量はAの水の量の2倍なので，ミョウバンがとける量も2倍になります。

(3) ミョウバンを多くとかすには，水の量を増やすか，水の温度を高くします。かき混ぜると早くとけますが，とける量は増えません。

3 ①…○　②…△
③…○

ポイント

①…ミョウバンは，20℃の水50 mLに5 g以上とけるので，すべてとけます。

②…食塩は，40℃の水50 mLに約18 gしかとけないので，とけ残りが出ます。

③…ホウ酸は，60℃の水50 mLに7 g以上とけることから，水100 mLには14 g以上とけるので，すべてとけます。

4 (1) A　(2) イ
(3) 水よう液から水をじょう発させる。

ポイント

(1) 水の量が同じなので，とける量が多い食塩の水よう液のほうが重くなります。

(2) ホウ酸…5.7〔g〕－2.4〔g〕＝3.3〔g〕
　食塩…18.3〔g〕－17.9〔g〕＝0.4〔g〕

(3) 水よう液を熱して水をじょう発させると，とけていたものがすべてとり出せます。

復習テスト⑧ (本文92～93ページ)

1 (1) コイル　(2) 鉄心につく。
(3) 電磁石　(4) 鉄心からはなれる。

ポイント

(2) コイルの中の鉄心は，コイルに電流が流れると磁石になり，鉄を引きつけます。

(4) 電流を止めると，磁石のはたらきがなくなり，鉄のクリップははなれます。

2 (1) N極　(2) しりぞけ合う。
(3) N極

ポイント

(1)(2) 方位磁針のS極を引きつけているので，電磁石の㋐はN極です。N極の㋐に，ぼう磁石のN極を近づけると，しりぞけ合います。

(3) コイルに流れる電流の向きが変わると，電磁石の極も変わります。

3 (1) ㋑　(2) ㋒
(3) ㋒

ポイント

(1) ㋐と㋑では，コイルを流れる電流の大きさは同じなので，まき数の多いほうが強い電磁石になります。

(2) ㋒と㋓では，まき数は同じなので，コイルに流れる電流が大きいほうが強い電磁石になります。かん電池2個を直列につないだほうが電流は大きくなります。

4 (1) アンペア
(2) 〈例〉右の図
(3) 5 A
(4) 250 mA

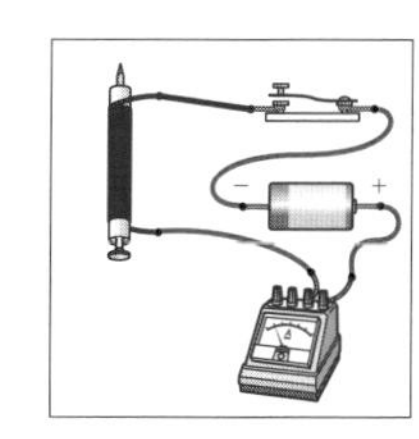

ポイント

(2) 電流計は，はかりたいところに直列につなぎます。かん電池の＋極側の導線は，電流計の＋たんしにつなぎます。

(3) はじめは，最も大きい電流がはかれる5 Aの－たんしにつなぎます。

復習テスト⑨ (本文102〜103ページ)

1 (1) ㋑　(2) ㋖
(3) **15.8秒**　(4) **1.6秒**

ポイント

(1) ふりこの長さは，支点(してん)からおもりの中心までの長さです。

(2) ふりこがふれ始めてから再(ふたた)びふれ始めの位置にもどってくるまでを，1往復(おうふく)といいます。

(3) 3回はかった結果を合計し，それを3でわって平均(へいきん)を求めます。
(15.4〔秒〕＋16.2〔秒〕＋15.8〔秒〕)÷3＝15.8〔秒〕

(4) 15.8〔秒〕÷10＝1.58〔秒〕より，1.6〔秒〕。

2 (1) ㋐（と）㋑　(2) ㋒（と）㋓
(3) ㋐（と）㋓　(4) **ふりこの長さ**

ポイント

(1) おもりの重さだけがちがい，ふりこの長さとふれはばが同じものを比(くら)べます。

(2) ふれはばだけがちがい，おもりの重さとふりこの長さが同じものを比べます。

(3) ふりこの長さだけがちがい，おもりの重さとふれはばが同じものを比べます。

(4) おもりの重さやふれはばがちがっても，1往復する時間は同じですが，ふりこの長さを変えると，1往復する時間は変わります。

3 (1) イ　(2) B（と）C
(3) A　(4) ㋐

ポイント

(1)(3) 1往復する時間は，ふりこの長さで決まり，長いほど1往復する時間は長くなります。

(2) ふりこの長さが同じBとCになります。

(4) メトロノームは，テンポをきざむぼうの下のほうに支点があります。おもりの位置を上にすると，支点からの長さ（ふりこの長さ）が長くなり，1往復する時間が長くなって，テンポはおそくなります。逆(ぎゃく)に，おもりの位置を下にすると，テンポは速くなります。